水性塗料筆塗教科書

CONTENTS

水性塗料筆塗教科書

一起從零開心學筆塗

水性塗料經過各家廠商的產品改良，變身為乾燥快、遮蓋力強、顯色鮮豔、刺鼻味低的高性能塗料。如今我們也可以在客廳、房間舒適開心地完成塑膠模型筆塗。近年大家在家的時間變多了，塑膠模型筆塗可說是一種樂趣無窮的休閒娛樂。本書介紹了4大廠牌的水性塗料，包括水性HOBBY COLOR、田宮壓克力漆、Vallejo水性漆、和CITADEL COLOUR，大家何不一起進入筆塗的世界!!!

PART.1

PART.2

PART.3

PART.4

▲VOLKS京都Hobby廣場畫筆區

在模型店
找出你
命定的畫筆!!!

知己知筆百戰百勝……

照片是模型店的畫筆區,光是塑膠模型塗裝就有這麼多種的畫筆,倘若一無所知地踏入店內,相信大家都會無所適從、不知如何選購吧!

但是現在大家可以放心了,只要讀了這本書就能清楚分辨模型畫筆的種類和挑選方法。我們還會在書中推薦好用的畫筆喔!!

畫筆的形狀？材質？
了解模型塗色的畫筆種類！

雖然都一律稱為模型畫筆，但是模型店販售了相當多不同種類的畫筆。對於初次接觸的人來說，應該會想「我究竟要從哪個角度來挑選畫筆！」本篇就是為這些滿腹疑惑的人解說畫筆的種類。

平筆

這是筆尖齊長的畫筆。刷毛量多，塗料吸附性佳，所以適合用於大面積的塗色。當中還分為筆尖聚合成尖狀的類型，以及筆尖鬆開前端為橢圓形的類型。若想描繪出俐落線條，則使用筆尖呈尖狀的類型，若想大面積塗色，則使用鬆開的類型。

圓筆

圓筆的刷毛是沿圓狀筆桿的形狀延伸出來，很適合用於描線或因平筆太大不易描繪的小地方。筆頭呈尖狀的類型很適合用於針對某一點的塗裝。大多刷毛前端展開的類型還有一種用法，就是刻意減少塗料吸附量後用於暈染。

面相筆

面相筆就是圓筆前端縮小到極致的畫筆，可以用在更精密的塗裝，例如更俐落的線條表現、臉部或眼睛的塗裝。尺寸主要分成0號～000號，尤其000號通常是用在關鍵部位的重要工具。另外，針對極細微的地方，還有一種毛量較少的極細面相筆。

乾刷專用筆

乾刷是幾乎擦去畫筆上的塗料後，在塗色處以乾擦方式在稜線部分上色的技巧。乾刷筆是為了運用這種技巧的畫筆。韌度較強的類型更可針對稜線上色，所以刷毛材質會比一般的畫筆硬。大家也可以用一般的畫筆，但是若有專用畫筆，作業時會比較放心。

海綿刷

這是前端為海綿的畫筆。海綿的蓬鬆，在使用上帶來有別於一般畫筆的感覺。因為非常適合沾取粉彩等粉狀顏料，所以除了會用於沙塵等舊化塗色，也適用於粉紅色系的腮紅等上色。照片中的畫筆是附在田宮舊化專用粉彩盒（右圖）的小物。

田宮舊化專用粉彩盒

若想要簡單表現出一點點的汙漬，例如沙塵、灰塵、摩擦的金屬粉或管線的燒焦痕跡，就可以使用這個產品。畫筆結合了海綿刷和筆刷，因此只要有一盒就可開始描繪心中的舊化感。在人物塗裝方面，則推薦選用粉紅色系的G、H套組，非常適合表現人物肌膚。

一起來了解
常用的模型畫筆刷毛種類！

除了畫筆的形狀，倘若能了解刷毛的種類更有助於畫筆的挑選。大致上可分為動物刷毛和合成纖維刷毛兩種，各有優點，將兩者搭配使用可呈現更豐富的塗裝表現。

動物毛畫筆擁有動物毛特有的柔韌
（柯斯基紅貂毛、紫貂毛、馬毛等）

動物毛畫筆的特色是柔軟、塗料吸附性佳。除了筆觸纖細，因為塗料吸附性佳，只要沾取一次就可以長時間作業，相當優異。

田宮代表性的柯斯基紅貂毛畫筆
田宮模型筆PROII系列

▲使用高級毛柯斯基紅貂毛（貂毛來自生活在西伯利亞和中國東北的貂）的畫筆。在動物毛畫筆中，彈性和柔韌度之優異，其他的毛質都無法與之相比。

英國王室也喜愛的動物毛畫筆
WINSOR&NEWTON溫莎牛頓

▲英國代表性廠牌，WINSOR&NEWTON溫莎牛頓頂級7系列畫筆也是天然毛畫筆的代表。這也使用了最高級的柯斯基紅貂毛。

使用馬毛的平筆
田宮模型筆HG

◀英國代表性廠牌，WINSOR&NEWTON溫莎牛頓頂級7系列畫筆也是天然毛畫筆的代表。這也使用了最高級的柯斯基紅貂毛。畫筆使用的是馬毛，不但可感受到天然動物毛的柔軟，價格也比柯斯基紅貂毛和紫貂毛低。雖然筆毛柔軟但是韌度稍弱。由於塗料吸附性極佳，大面積一次上色時，使用馬毛平筆最能發揮其優勢。

不斷改良的合成纖維畫筆
（尼龍、PBT 等）

合成纖維畫筆除了尼龍毛畫筆之外，還有越來越多價格實用又好用的類型。近日常見的類型為互鎖式畫筆，對模型塗料溶劑的耐受性極佳。在機械塑膠模型為主流的日本，這種畫筆可以畫出區塊分明的塗色，成為大家喜愛使用的畫筆。

可盡情塗畫的尼龍毛畫筆！
gaianotes尼龍極細面相筆

▶這是gaianotes的尼龍毛畫筆。尼龍毛畫筆因為價格便宜，使用時較無顧忌又不心疼。尼龍特有的韌度和張力，非常有利於細節描繪，可描繪出顏色分明的塗裝。筆尖較不柔軟、不易彎扭，所以也很容易描繪出筆直線條。

PBT製畫筆為最近流行的一種類型

日本神之手GodHand的PBT筆
神之筆

▶PBT是一種不同於尼龍毛的合成纖維畫筆。韌度極佳，可以將細節處描繪得俐落分明。

GSI Creos的PBT筆
Mr.Brush

建議用於水性塗料筆塗的畫筆！

讓筆塗越來越順手的畫筆

面對種類多樣的模型畫筆，不知該如何購買選擇時，請先試試購買本頁介紹的畫筆！！
絕對會讓大家筆塗時越來越得心應手！！

田宮最佳畫筆，就選購「小」和「細」的型號！！！

田宮模型筆PROII系列 面相筆 小、細

●銷售廠商／田宮●1540日圓（小）、1430日圓（細），銷售中

　田宮銷售的「田宮模型筆PROII系列」是使用了柯斯基紅貂毛的高級畫筆系列。有各種粗細尺寸，不過大家只要有了「小」和「細」的型號就萬無一失！！不論是大片面積，還是細小窄面，都可以塗出漂亮的效果！！這2支筆幾乎可以包辦各種狀況，絕對是大家一定要選購的畫筆！！！

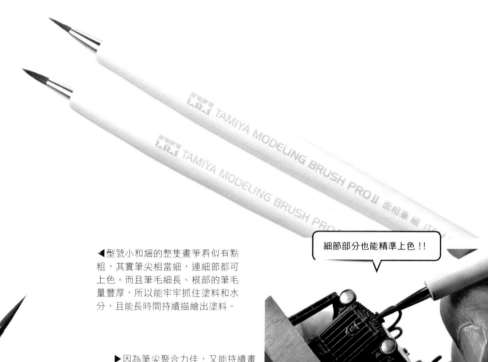

> 塗料吸附性佳！
> 筆尖聚合力佳！！

◀型號小和細的整隻畫筆看似有點粗，其實筆尖相當細，連細節都可上色。而且筆毛細長、根部的筆毛量豐厚，所以能牢牢抓住塗料和水分，且能長時間持續描繪出塗料。

> 細節部分也能精準上色！！

▶因為筆尖聚合力佳，又能持續畫出塗料，所以連如此微小的文字細節都能精準描繪！！

性價比超高的柔軟平筆

田宮模型筆HG 平筆 小

●銷售廠商／田宮●660日圓，銷售中

　這支平筆使用柔軟的馬毛，即便大面積塗色都順暢無比。最值得讚許的是畫筆的柔軟度，可以塗出相當柔和的筆觸。形狀越朝筆尖越細，因此變換拿筆的方式（縱向或橫向）就可改變筆觸。價格也很親民，而且表現絕對超乎大家的預期。

> 由於形狀獨特，而可靈活上色

▲畫筆特色為交錯植入筆毛的特殊結構，畫筆根部的筆毛濃密豐厚，筆尖的密度較薄。

> 馬毛的塗料吸附性佳

> 輕而易舉塗抹出
> 迷彩塗裝的不同色塊

▲白色筆毛為畫筆特色，柔軟又能完整吸附塗料。

▲柔軟性極好，僅用這支筆也能表現出迷彩塗裝不同的色塊。

不論何時何地都要擁有的3支套組！！分工合作的塗色表現！！

田宮模型筆HF標準套組

●田宮／770日圓，銷售中

　　田宮合成纖維畫筆超經典的3支套組，可以在多家模型店和家電量販店購得！這3支各有所長，所以不要只依賴一支塗色，要3支輪流替換使用才是要領！若將這3支筆的分工合作比喻為團結就是力量的3支箭，那正是模型筆界的毛利家故事。

▲畫筆特色是合成纖維筆特有的筆尖聚合力和優異的韌度。套組包括寬約6mm的平筆No.2，寬約4mm的平筆No.0和極細面相筆。

| 大面積塗色就交給平筆No.2！！ | 中尺寸的畫筆和極細畫筆的差異明顯！ | 套組中最常使用的平筆No.0！ | 接續平筆，細節描繪就交給極細面相筆！！ |

▲這是3支中最粗的畫筆，最適合用於描繪大面積的持續塗色。

▲這個套組中，平筆No.0和極細面相筆的粗細差異相當明顯。因此，運用本套組的關鍵要領就在於這2支畫筆的交替運用。

▲使用這個套組塗色時，最常使用的就是平筆No.0。小如化妝包的零件都能用這支筆塗色。但是零件的邊緣描繪會有點費力。

▲描繪零件邊緣和細線條時，請替換成這支極細面相筆。平筆無法完美塗色的部分，就交由這支面相筆修飾吧！

只要一支幾乎可以完成整件微縮塗裝！！

WINSOR&NEWTON溫莎牛頓水彩畫筆7系列短峰No.0

●銷售廠商／WINSOR&NEWTON溫莎牛頓●1661日圓，銷售中

　　英國WINSOR&NEWTON溫莎牛頓頂級7系列畫筆是模型畫筆的頂級選擇，尤其是短峰No.0，不論是粗細還是塗料的吸附性都很優秀，一支畫筆就可塗遍整件塗裝。

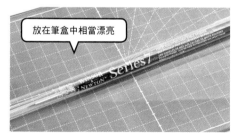

| 放在筆盒中相當漂亮 |

▲裝在專用筆盒中銷售，外觀高級有質感！！！

| 只要使用一次就無法離手 |

▲筆尖聚合力佳、滑順、設計美觀，使用英國王室御用畫筆塗色不是很酷嗎？

最強平塗筆「榛型畫筆」

法國Raphael（拉斐爾）柯斯基紅貂毛榛型筆2號

●銷售廠商／拉斐爾●1980日圓，銷售中

Interlon 1214榛型筆2號

●銷售廠商／Interlon●583日圓，銷售中

　　「榛型畫筆」是一種筆尖為圓弧狀的平筆，在本刊說明筆塗的所有模型師都人手一支！塗料不易堆積，也不容易畫出筆痕，能完成漂亮的筆塗，非常適合運用在角色人物模型和比例模型等大面積的模型塗裝。

| 拉斐爾 |

▲連畢卡索和塞尚都愛不釋手的「拉斐爾」畫筆，其頂級的榛型畫筆具有極為滑順的描繪手感。柯斯基紅貂毛的滑順塗色手感，只要試過一次就會愛不釋手。

| Interlon |

▲Interlon畫筆是第一支在尼龍筆添加互鎖式（Interlocked）設計的畫筆，將尼龍筆的可能性帶入了新的時代。塗色的感受近乎天然筆毛，價格也相當實惠，最適合第一次使用榛型畫筆的人。使用時若筆尖散開，只要浸泡在溫水中就會恢復原本的形狀。

| 請看筆尖！ |

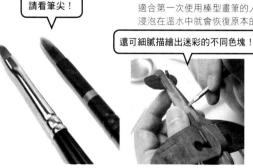

| 還可細膩描繪出迷彩的不同色塊！ | 大面積平塗的好幫手！！ |

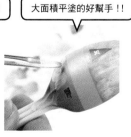

▲特色是筆尖形狀如圖示呈圓弧狀，塗料會從筆的兩側流出，所以不會像平筆一樣堆積在一個地方。

▲還很容易完成顏色交界的塗色。可以畫出輕輕的筆觸，還能簡單營造出暈染表現。

▲特別推薦於大面積的單色塗裝，不但不易產生筆痕，而且塗色滑順流暢！！

有助於水性塗料筆塗的用品！

連同畫筆、塗料一起備齊！

每家廠商都有銷售許多有助水性塗料筆塗的工具和用品。本篇篩選其中幾項介紹給大家！！！

> 除了有助表面的修飾保護，還能使塗料更加服貼！

高級水性透明保護漆　亮光、半光澤、消光
●銷售廠商／GSI Creos●660日圓，銷售中

▶高級水性透明保護漆是用於表面修飾的噴漆，受到許多模型師極佳的評價。消光和半光澤噴漆呈現溫潤平滑的表面，亮光噴漆擁有超強的塗層保護力，而且可輕鬆呈現閃亮表面。產品屬於水性保護漆，安全性高，也不易侵蝕水貼。而消光噴漆還可當成透明補土使用，事先噴一層消光保護漆，不但不會排斥水性塗料的上色，還能呈現漂亮的色彩效果。

> 終於推出水性補土！！！

水性補土噴罐
●銷售廠商／GSI Creos●990日圓，銷售中

▲新產品水性補土是水性塗料的最佳良伴，系列產品包括灰色、白色、黑色1000以及灰色500。不但能使塗料更加服貼，黑色、灰色、白色等顏色還很適合當成底色表現漸層塗裝。味道溫和，安全性高等也是產品吸引人的地方。

> 其實硝基漆補土最適合水性塗料筆塗

田宮底漆補土噴罐、極細底漆補土噴罐
●銷售廠商／田宮●440～880日圓，銷售中

▲田宮銷售的硝基漆補土噴罐，帶有細緻的亮粉，具有金屬底漆的效果，是相當好用的補土。硝基漆的打底不會影響水性塗料，所以即便在其表面塗上水性塗料都不會使其溶化，因此契合度極佳，可以完全發揮底漆效果。由於為硝基漆的產品類型，所以較為刺鼻，使用時一定要注意環境通風。

> 細節塗色和入墨線就交給琺瑯漆！

田宮塗料琺瑯漆
●銷售廠商／田宮●165～220日圓，銷售中

▲這個產品可以直接塗在水性HOBBY COLOR和田宮壓克力漆表面，若塗超過邊界，只要用溶劑擦除即可，修正時幾乎不會影響到下層的塗料，所以很適合用於細節塗裝。若直接塗在Vallejo水性漆和CITADEL COLOUR的表面，則下層塗料會溶解，所以塗裝時請先塗上一層高級透明保護漆。

> 稀釋琺瑯漆的溶劑

田宮塗料琺瑯漆溶劑　特大
●銷售廠商／田宮●550日圓，銷售中

◀這是專門稀釋田宮塗料琺瑯漆的溶劑。使用這個溶劑可以大幅稀釋塗料，使塗料在模型刻線流動，營造出立體感，達到「入墨線」的效果。這個溶劑可以用於擦除琺瑯漆塗料，用棉花棒沾取擦去即可。

Mr. WEATHERING COLOR舊化漆
●銷售廠商／GSI Creos●380日圓～，銷售中

▶這款受到大家喜愛的舊化漆是由日本代表性戰車模型師吉岡和哉監修製造。以油性顏料為基礎，因此延展性相當優秀，輕輕鬆鬆就可呈現出理想的汙漬塗裝，還可以用於入墨線。若要塗在Vallejo水性漆和CITADEL COLOUR的表面，請先塗上一層保護漆。

> 油性顏料為基底的舊化漆

> 田宮調配的入墨線塗料

田宮入墨線液
●銷售廠商／田宮●各396～418日圓，銷售中

▲田宮銷售的入墨線調配出絕妙的色調和濃度，不但使用上相當方便，每種色調都很優異。尤其暗棕色非常適合塗在戰車、飛機和機械模型上。紅棕色、深棕色、橙棕色則可以輕易為人物塗裝帶來層次豐富的色調。這是我們強力推薦大家選購的塗料。

> 建議和舊化漆一起選購

Mr. WEATHERING COLOR 舊化漆專用稀釋劑（大）
●銷售廠商／GSI Creos●990日圓，銷售中

◀這款稀釋劑用於Mr. WEATHERING COLOR舊化漆系列和Mr. WEATHERING COLOR舊化膏的擦除、黏稠度調整和清洗。

塗裝時固定零件的必備小物！

噴漆夾木棒可擺放在此處

安裝上瓶蓋就不需要滴管！！

迷你噴漆夾木棒
〈36支裝〉

●銷售廠商／GSI Creos●1100日圓，銷售中

▲相較於品牌另一個產品「噴漆夾木棒」，這個產品的噴漆夾大約縮小了3成。夾子專門用來固定細小零件和零件深處部分，因此非常方便筆塗作業時的零件固定。

噴漆夾固定盒
（4個裝）

●銷售廠商／GSI Creos●660日圓，銷售中

▲使用牙籤、黃銅線、免洗筷、噴漆夾木棒輔助塗裝時，這個固定盒都可當作底座固定這些工具的手持部位。可將每支手持棒固定此處，使零件乾燥。

稀釋溶劑大、特大瓶裝專用
快速開啟&關閉瓶蓋

●銷售廠商／GSI Creos●330日圓，銷售中

▲這是GSI Creos稀釋溶劑大、特大瓶裝專用的瓶蓋，可以防止稀釋液倒入調色盤或瓶中時的外溢。只要用手指按壓瓶蓋的一邊倒出，就可以一滴一滴地倒出。只要轉動旋鈕就可以開關瓶蓋，一旦轉緊就能確保緊閉。

田宮壓克力漆變得更好塗！

田宮水性塗料緩乾劑
（用於壓克力漆）

●銷售廠商／田宮●286日圓，銷售中

◀這是筆塗上色時經常用到的乾燥延緩劑，用於延緩塗料的乾燥，不容易產生筆痕，能形成光滑的塗裝表面，所以也很適合用於光澤表面塗裝。最多可以1：10的比例和塗料混合，請注意不要過度添加。

絕不可缺少的塗料攪拌棒！

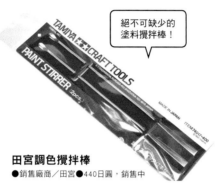

田宮調色攪拌棒

●銷售廠商／田宮●440日圓，銷售中

▲這是一邊形狀如扁平刮刀，一邊形狀如小型湯匙的金屬攪拌棒。因為是金屬製品，不論攪拌或調色時附著上的塗料都可輕易清除。

即便多次塗錯，依舊可以修改！！

田宮強效去漆劑

●銷售廠商／田宮●1210日圓，銷售中

▲此款溶劑可以清除壓克力漆、琺瑯漆、硝基漆和聚碳酸酯等各種成分的塗料。不容易使樹脂表面受損，也不會影響聚碳酸酯零件的透明度。只要將電鍍零件浸泡約1小時就可以將電鍍層剝離。另外，因為是水溶性產品，所以幾乎沒有刺鼻味！！※要注意不可用於ABS樹脂產品。

最好取得的保濕調色盤

保濕調色盤

●銷售廠商／GSI Creos●330日圓，銷售中

▲這個保濕調色盤專門用於會和水產生反應的乳化系塗料，例如ACRYSION、Vallejo、CITADEL COLOUR等塗料。讓容器中的海綿吸收水分，再放上專用調色板使用。海綿富含的水分會滲透至專用調色板，所以可讓專用板上的塗料保持水潤，延遲乾燥速度。由於塗料使用時間比在一般的調色盤上長，所以也有助於想長時間使用混色後的塗料時。

重點在於瓶身穩定！！

100日圓商店的玻璃容器

●110日圓

▲水性塗料筆塗作業時經常需要用水稀釋塗料，或是用水將畫筆清洗乾淨。這時使用100日圓商店販售的有蓋玻璃容器，作業上就會很方便。瓶身穩固，不使用時蓋上瓶蓋即可。

有洗淨和潤澤筆刷的效果

模型筆刷專用清潔液

●銷售廠商／GSI Creos●660日圓，銷售中

◀畫筆專用的清潔液。洗淨力強，硬化後的塗料都能溶解乾乾淨淨。另外還有滋潤筆毛的效果，對於畫筆的保養有極佳的效果。

筆塗所需工具套組！！

模型專用筆塗工具組

●銷售廠商／PLAMO向上委員會
●880日圓，銷售中

▶這個商品將筆塗所需工具集於一身，不但有可放置調色盤的平台、拋棄式的專用調色盤（3個一組），還有筆架、洗筆用的清洗瓶。大家只要準備噴漆夾木棒、塗料和畫筆就可開心筆塗。

▶這是包裝盒。

▲筆架收納在盒中，可往左右展開收起，所以左右撇子都適用。

水性塗料
正在呼喚

從今天起
天天開心來筆塗

水性塗料的改良帶我們進入樂趣無窮的世界

如今大家在家的時間越來越多，水性HOBBY COLOR、田宮壓克力漆、Vallejo水性漆和CITADEL COLOUR等水性塗料更受到大家的注目。其中不乏「低刺鼻性，在客廳就可以輕鬆塗裝」、「只要準備水就完成塗裝準備」的塗料，相當因應現今時代的需求。而且性能大大地提升，優異程度讓舊有產品望其項背！後續篇章登場的作品範例和模型師都是最佳佐證。請大家透過書中內容介紹了解各種塗料特色、塗色感受等，從今天開始就進入水性塗料筆塗的世界！

進入本書介紹的

這些就是在日本可輕鬆取得的 5 種水性塗料！

本書挑選的這 5 種水性塗料，大家如今都可在模型量販店或網路購得，而且是受到廣泛使用的產品。首先就來介紹這 5 種塗料吧！再於後面各章詳述更深入的資訊。

日本的水性塗料

日本代表性的水性塗料「水性HOBBY COLOR」

前往 P.018 !!!

水性HOBBY COLOR不論在何處的店家都能輕鬆購得。
推出全新版本，性能也大大提升！

　這是GSI Creos超經典的塗料，近年經過全新改版。塗裝時的感受和塗料乾燥的速度顛覆了大家以往對產品的既定印象，讓人更享受筆塗的樂趣！！

水性HOBBY COLOR
●銷售廠商／GSI Creos●198日圓

前往 P.038 !!!

備齊周邊用品，塗裝變得更輕鬆！！ ACRYSION水性漆和 ACRYSION水性漆基底色系列

環保的ACRYSION水性漆

　只需要加水就可以塗色的乳化系塗料，這次除了介紹完備的周邊用品，還向GSI Creos人員請教了塗色方法！！

ACRYSION水性漆和ACRYSION水性漆基底色系列
●銷售廠商／GSI Creos●198日圓

只要有這個塗料「田宮壓克力漆」，就不需要害怕比例模型塗裝！

可以用田宮指定的顏色塗裝，讓人備感安心

　田宮經典塗料，幾乎可以在任何一家店購得。本書會一邊為人物和戰車模型塗裝，一邊解說這種塗料的特色！！

田宮壓克力漆迷你瓶
●銷售廠商／田宮●各165日圓～

前往 P.044 !!!

大水性塗料 !!!

外國水性塗料

世界級的塗料「Vallejo Color」
從西班牙風迷全球

Vallejo Color
●銷售廠商／VOLKS●319日圓〜

色號量龐大，讓人盡情從中挑選喜愛的顏色！！

受到全球喜愛絕對有其原因！只用水就可輕鬆上色，塗料如眼藥水般滴出的方便性、無臭好塗，幾乎擁有水性塗料必備的元素！

 前往 **P.062** !!!

水性塗料界的頂級產品！！

CITADEL COLOUR
●銷售廠商／GAMES WORKSHOP●600日圓〜

連極小的微縮模型都能順利上色，
誕生自英國的頂級塗料「CITADEL COLOUR」!!!

一直以來就是微縮戰棋遊戲世界的經典塗料，近年受到模型消費者的注意而大受歡迎！毫不諱言，因為這款塗料，使日本水性塗料重回大眾的視線！！

前往 **P.082** !!!

PART.1

水性HOBBY COLOR& ACRYSION水性漆by GSI Creos

AQUEOUS HOBBY COLOR & ACRYSION by GSI Creos

RACCOON
S.A.F.S. type R

1 type 5 decorations
1 figure
Scale 1/20
Series MK-069

Illustration by Kow Yokoyama

wave corporation

Ma.K.
ZbV3000
Machinen Krieger

■ MERCENARY TROOPS' ARMS

Scale **1/20**

S.A.f.S. type R

RACCOON

Series **Mk069**

MK-069-3200

wave corporation

最容易取得的「水性HOBBY COLOR」，性能再提升！！

讓大家更開心
舒適地筆塗！

品質與過往的水性HOBBY COLOR 如天壤之別

GSI Creos的「水性HOBBY COLOR」可以在日本全國的模型店或量販店以實惠的價格購得。最近幾年這些塗料經過全新改版，塗色變得更輕鬆順手。水性HOBBY COLOR曾給人「不會乾、不顯色」等負面印象，但是！！！全新改版的水性HOBBY COLOR，塗料性能之優異和過往產品猶如天壤之別。價格實惠、任何地方都可購得，加上性能優異，而且刺鼻味低，讓人可在客廳開心塗色。接下來就請閱讀相關內容，盡情感受「水性HOBBY COLOR筆塗」的樂趣吧！！

學習水性HOBBY COLOR的塗色方法！

學習塗裝準備，開心筆塗去！

　　GSI Creos銷售的水性HOBBY COLOR，最近幾年經過更新改版，塗色運用上更上一層樓。乾燥時間僅需5分鐘左右，厚塗部分也只需經過10分鐘就可以重疊塗色。就讓我們一窺水性HOBBY COLOR的這些特色和塗色方法！！

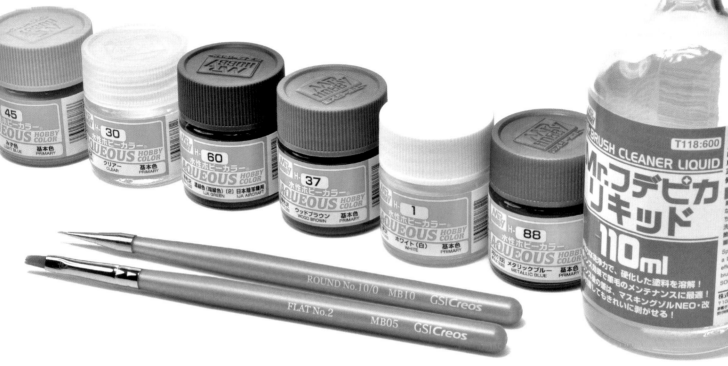

● 水性HOBBY COLOR的特色

瓶中塗料已是筆塗的最佳濃度！

充分混合直到表面透明溶劑消失！

稀釋時請使用專用的稀釋液！

▲這是將塗料充分攪拌均勻後的狀態。水性HOBBY COLOR和其他塗料一樣，開封時溶劑會與塗料分離漂浮在表面。要將其充分混合均勻後再使用。

稀釋液也有特大號的瓶裝

▲水性HOBBY COLOR原本就調整成適合筆塗的濃度。若覺得有點濃，請不要用水，而是用專用的稀釋液調整。這樣才能完全發揮塗料的性能。

▲這是專用的稀釋液。稍微帶有一點刺鼻味，只要打開窗戶或開啟通風扇就不會感到不舒服。除了可以用於稀釋塗料，還可以用於清洗畫筆！！

◀只要買一瓶特大號瓶裝，就可安心作業，推薦大家一定要買特大號裝！！

● 水性HOBBY COLOR的塗裝準備　接下來，我們一起來看看水性HOBBY COLOR的塗裝步驟，事前準備相當簡單。

塗裝準備開始～

▲請準備塗料、調色盤、可弄髒的墊板。

充分攪拌混勻！！

▲塗料攪拌均勻至可上色的程度！塗料絕不會有攪拌過度的狀況！！

移到調色盤

▲攪拌好後，將塗料沾取至調色盤。

水性HOBBY COLOR可直接筆塗

▲水性HOBBY COLOR已經是適合筆塗的濃稠程度，不須稀釋即可塗色。

如果沒有調色盤……

▲沒有調色盤的人請使用瓶蓋的內側。若不需要混色可以使用瓶蓋。塗裝後一定要擦拭乾淨，因為很可能發生塗料硬化，而在下次開蓋時無法轉開瓶蓋。

若太濃稠，請用稀釋液稀釋

▲水性HOBBY COLOR用少量的稀釋液就可以輕鬆稀釋。只要滴入1～2滴即可。

充分混合

▲加入稀釋液後請和塗料充分混合。

接著就只要在模型上塗色！！

▲稀釋好後，接下來就只要在模型上色！！

用稀釋液洗淨畫筆

▲塗裝完成後，請用稀釋液仔細洗淨畫筆。請清洗乾淨，不要讓畫筆殘留塗料。

● 適用於所有的水性塗料，希望大家一定要學會的畫筆準備！！！

　　直接用畫筆沾取塗料，這點是絕對禁止的行為。不論哪一種塗料，都請在畫筆吸附大量塗料用的溶劑，若是CITADEL COLOUR和Vallejo水性漆，請先吸附水分，讓畫筆充滿濕潤後再沾取塗料。這些溶劑和水分的功用猶如輸出塗料的幫浦，可以讓筆塗更為滑順流暢。

畫筆準備開始！

▲除了前面的準備事項，若有準備紙巾就很方便作業。

讓畫筆吸附大量溶劑

▲先讓畫筆充分吸附溶劑或水分。

吸附塗料

▲將筆尖輕點紙巾調整溶劑或水的分量。若省去這個動作，塗料就會不斷滴落。

吸附塗料

▲畫筆準備好後就可以沾取塗料。

再次輕點
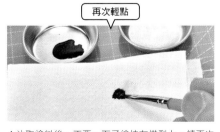
▲沾取塗料後，不要一下子塗抹在模型上，請再次輕點紙巾。這個動作可以去除沾附在筆尖的多餘塗料，就可以避免塗料大量在模型上流動發生失誤。

開始塗裝！！

▲經過這些步驟再開始筆塗，就可以確保塗料適量，也能讓筆塗更流暢。因此請一定要先讓畫筆經過事前準備的動作！

用華麗回歸水性塗料界的
水性HOBBY COLOR完成
英國傑作機的塗色

方便好塗的超級塗料，塗色手感佳，塗料又不會溶化！！
從今天起可體驗持續筆塗飛機模型的樂趣！！

　　水性HOBBY COLOR擁有許多色號，可以完成包括比例模型和角色模型等各種主題的塗裝。刺鼻味低、經過改良變得方便好塗，加上水性塗料原本就不會溶化底色的特性，使水性HOBBY COLOR華麗轉身為名副其實的高性能水性塗料。

　　首先要為大家介紹的筆塗作品範例就是AIRFIX的「噴火戰鬥機Mk.Vc」，出自英國代表性的模型廠商，由GSI Creos銷售代理。範例嘗試利用水性HOBBY COLOR，表現北非和地中海沿岸一帶經常出現的熱帶型迷彩。我們邀請清水圭示範這次的筆塗，他的筆觸細膩，迷彩塗裝時的重點絕對是大家立刻就想模仿的技巧。接下來，大家就一起進入水性HOBBY COLOR筆塗的世界吧！！

● 用水性補土為塗裝準備！

◀GSI Creos也有銷售水性補土。將灰色的1000號和黑色的1000號補土混合紫色當作底色的塗料上色。作品範例中雖然是以噴筆上色，但是大家手邊若是沒有噴筆，也可以用筆塗薄薄塗上混合的底色塗料。如此不但加強了塗料貼服度，而且在一開始就為模型添加陰影色，就可以避免多餘塗料塗進模型深處而發生厚塗的狀況。

> 使用榛型筆和平筆

◀分別使用形狀如平筆但筆尖為圓弧狀的榛型筆（前面），以及筆觸為直線又能方便快速大面積塗色的平筆（內側）。榛型筆不易堆積塗料，不易產生筆痕，可以避免塗色不均的情況。

AIRFIX 1/72比例塑膠套件

超級馬林
噴火戰鬥機Mk.Vc

製作與撰文／清水圭

Airfix 1/72 SCALE
SUPERMARINE SPITFIRE Mk.Vc
modeled&described by Kei SHIMIZU

這次的重點 !!
- 區分描繪迷彩色調
- 提升迷彩色調氛圍的小訣竅
- 海綿掉漆法的小祕訣！
- 水貼黏貼和最後修飾

NAVIGATOR

清水圭／他是能用筆塗漂亮塗裝各類模型的高手。對於用小物裝飾的基底和小插圖等作品的品味一流。這次並未使用特別的塗色方法，絕對值得供大家參考。

● 不要一下子描繪迷彩，請先描繪出「邊緣」

用水性HOBBY COLOR稀釋液稀釋

塗色時請仔細確認塗裝圖示

請從各個角度確認迷彩線條

▲先畫出迷彩塗裝的邊緣。若塗料過於濃稠，邊緣會顯得過於厚重，所以在塗料添加少量的水性HOBBY COLOR稀釋液，塗料經過稀釋後再勾勒出邊緣。使用的顏色為「暗土色」。塗裝時會用到紙調色盤。

▲即便形狀稍微有誤，帶塗料乾了之後都可以重塗修正，所以描繪出大致的形狀即可。重點在於如照片般用薄薄的塗料（塗料不可太稀薄，因為會無法上色）勾勒出邊緣。

▲請從各個角度檢查自己描繪的迷彩線條和塗裝圖示是否有不同之處。建議離模型遠一點，觀看整體來確認。

請在邊緣的內側塗色！

塗裝時請讓畫筆多多沾取塗料

完成暗土色迷彩的第一層塗裝！

▲用細短筆觸運筆，在已畫上邊緣的迷彩內側塗色。細碎的筆觸會產生巧妙的筆痕，能提升模型的真實感。

▲若畫筆無法畫出塗料，請立刻沾取調色盤上的塗料。

▲完成了暗土色的迷彩。若描繪時畫到旁邊的迷彩位置，只要等水性HOBBY COLOR乾燥後在表面塗色就能馬上潤飾修正。

下一個顏色是「中石色」

▲加入1～2滴的水性HOBBY COLOR稀釋液，塗裝準備即完成。

請避免畫出邊界

▲運筆時請小心不要將中石色塗到暗土色的區塊。

基本的區分塗色完成！

▲利用細碎的筆觸會產生效果極佳的不均勻色塊，這樣細碎的筆痕可以提升模型的擬真感。這時的色調不均不會破壞塗色，請放心持續上色！

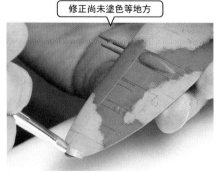

修正尚未塗色等地方

▲迷彩塗裝告一段落後，請仔細確認各個部位。若發現仍有未塗色或不夠精緻的部分，再次用畫筆重塗。

融合迷彩色調的訣竅！！

▲為了讓迷彩色調彼此融合，可以稍微混合旁邊區塊的顏色上色。混色的塗料像摩擦般塗在迷彩的交界。這樣迷彩之間就會產生巧妙的暈染毛邊，能讓塗色更漂亮。

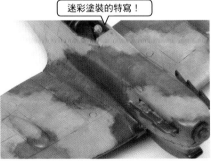

迷彩塗裝的特寫！

▲除了塗在迷彩交界的塗料，中石色和暗土色部分也薄薄塗上稍微提升明度的各種色調，就會讓塗裝更漂亮！（提升明度時，加入白色就會瞬間產生變化。這次混合了淺棕色，只須注意一點，請不要厚塗。）

● 要開始塗二戰英國軍機藍！

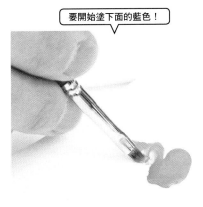

要開始塗下面的藍色！

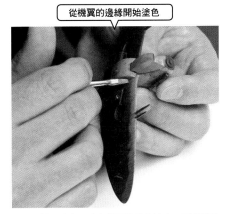

從機翼的邊緣開始塗色

▲開始塗飛機下方的二戰英國軍機藍。瓶內塗料很難呈現出這種色調。這次我們用天藍色：50％＋RLM淺藍色65：30％＋軍艦色：20％調而成。

▲先塗機翼邊緣，決定機翼整體的輪廓。因此要特別小心，避免運筆到機翼表面，而不知不覺將飛機下方的顏色塗到表面。

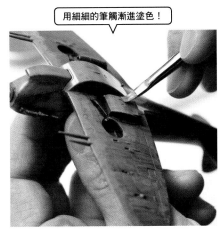

用細細的筆觸漸進塗色！

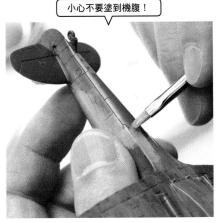

小心不要塗到機腹！

▲不要用長運筆，請用較細短的筆觸塗滿整個機身底部。第2次塗色時，請等完全乾燥後再上色。

▲長大了就會很在意小腹問題。也請注意飛機機腹的顏色區分。請清楚劃分出交界線，小心運筆。

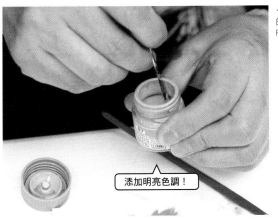

◀為了添加飛機下方的顏色層次，追加了RLM65淺藍色。

添加明亮色調！

▶在二戰英國軍機藍添加少量的RLM淺藍色。在基底色混合明亮色調，就可以避免顏色發生劇烈的差異變化。

少量加入二戰英國軍機藍！

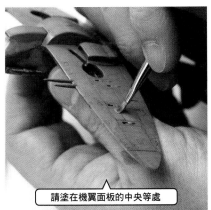

◀將二戰英國軍機藍調成明亮色調後，塗在各機翼面板的中央，就會形成漂亮的漸層。

請塗在機翼面板的中央等處

▶相比只塗一種顏色，外觀明顯提升一個層次。還有一個重點是不要完全遮蓋下層的顏色。

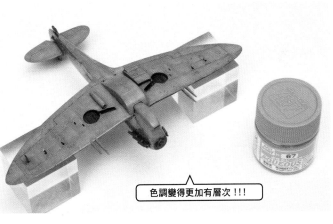

色調變得更加有層次！！！

● 座艙罩的塗裝和掉漆技法

先遮蓋住座艙罩

如果座艙罩塗得好，就能一下子提升成品的吸睛度！！

▲雖然也可以直接筆塗，但是考慮到修飾等需要花費的心力，這次還是先用遮蓋膠帶遮覆。和機身一樣，先噴塗上水性補土後，再塗上機身的顏色。

▲座艙罩是許多人第一眼看到的地方，只要這裡塗裝細膩就可以提升整體質感！！

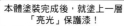
本體塗裝完成後，就塗上一層「亮光」保護漆！

使用琺瑯塗料的掉漆技巧！

▲為了保護迷彩塗裝，噴塗有光澤的高級水性透明保護漆。這個噴漆不但可以使模型閃閃發亮，還可形成很好的塗層保護，推薦給大家。建議先噴塗成光澤表面，之後漬洗時就會很好操作。

▲試著在飛機表面添加細微傷痕。使用的用品是家中的海綿碎屑和田宮琺瑯塗料暗灰色，還有調整各零件的琺瑯溶劑。

用海綿沾取暗土色

◀用海綿沾取從瓶內取出的暗灰色。沾取後、塗在模型之前，先在紙調色盤或紙巾來回塗抹，調整海綿內的塗料量。

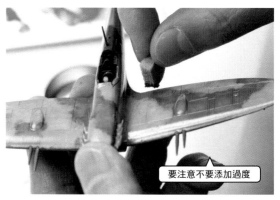

▶在飛機表面點塗上色成有人觸碰或乘坐過的感覺，這是相當有趣的作業，所以請小心不要太沉溺其中，以免讓整個機身都是傷痕。

要注意不要添加過度

用琺瑯溶劑多次修飾！

▶座艙周圍或機翼根部都有隨機的傷痕。想不到這些都只是用海綿上色的效果。非常漂亮逼真，請大家一定要模仿看看。

這些隨意的傷痕讓人看得著迷！！

▲琺瑯塗料可以用琺瑯溶劑簡單擦除，而且不會溶化底色塗料，所以可以輕易修正上色過度的地方。

● 修飾塗裝的工程

座艙「只在醒目的地方塗色」！

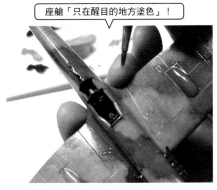

▲若是1/72比例的迷你飛機模型，可以在組裝好的狀態下為座艙塗色。若座艙罩已蓋起，幾乎看不到內部，因此只在醒目的地方塗色即可。

在水貼表面添加色調

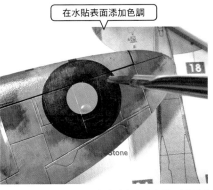

▲用比水貼明亮的色調淡淡塗在水貼表面，就可以表現出標誌褪色的樣子。

機身顏色和水貼自然融合讓成品更有型！！

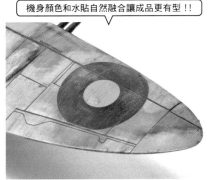

▲圓標為整體營造出更為逼真的氛圍，和機身也融合得很自然。稍微添筆就呈現如此真實的樣子。

在漬洗之前，再次塗上高級水性透明保護漆。

▲接下來要用琺瑯漆為整個模型漬洗。在此之前，要先保護用琺瑯漆添加的掉漆效果和水貼，才可以盡情漬洗！！

塗上亮光保護漆後，就可大膽漬洗！！

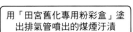

▲在消光的凹凸表面漬洗，會產生龜裂或顏色混濁，而光澤表面因為表面平滑，可以輕易擦拭塗料。因此可以在整個模型塗上暗棕色的田宮入墨線液！！請大膽塗色，再用沾取琺瑯溶劑的棉花棒擦除。如此一來就完成在戰場上滿是汙漬的外表。

用「田宮舊化專用粉彩盒」塗出排氣管噴出的煤煙汙漬

◀使用田宮銷售的半濕型舊化塗料，「田宮舊化專用粉彩盒」系列的「煤煙色」。用附贈的海綿棒擦塗即可。

淡淡的煤煙汙漬超帥！

▲田宮舊化專用粉彩盒可以點綴出不同其他汙漬的質感，超級適合為模型點綴添加亮點。

▶整體協調的迷彩
色調以及筆塗的筆
觸，營造出無與倫
比的厚實感。

▼在光澤狀態下塗上舊化塗料修飾，形成絕妙的半光澤效果，呈現非常有魅力的氛圍，甚至在戶外拍照都會反射光線，超酷！

FINISHED
Airfix 1/72 SCALE
SUPERMARINE SPITFIRE Mk.Vc

筆塗過程中變得不好看也不要擔心！請試著塗裝到最後一刻！！

我想有許多人認為筆塗是難度很高的作業，但是在這次的作品範例中，並沒有使用特別的技巧。若說的極端一點，其實只是用畫筆沾上塗料上色罷了。但是即便如此單純的塗色背後，都藏著須小心留意的重點。以下3項是我希望大家都能遵循的重點。

1／嚴格禁止厚塗　　2／完全乾燥後再重疊塗色　　3／塗料不要太稀薄

只要遵守以上事項，其他就請依照個人喜好，直畫橫畫都隨意。如此產生的不均勻色調反倒為模型增添韻味。在這樣的塗裝表面貼上水貼，在各處添加入墨線，就能讓外觀提升到更高的層次。過程中不要有「好像有點怪怪」的懷疑，請持續塗裝直到最後貼上水貼！這樣一來，你的桌上一定會誕生一個帥氣的筆塗模型！！筆塗有筆塗才有的筆塗風味。只要你體驗過一次，就無法拒絕塑膠模型的樂趣。希望大家從今天開始就提起畫筆開心塗裝吧！！

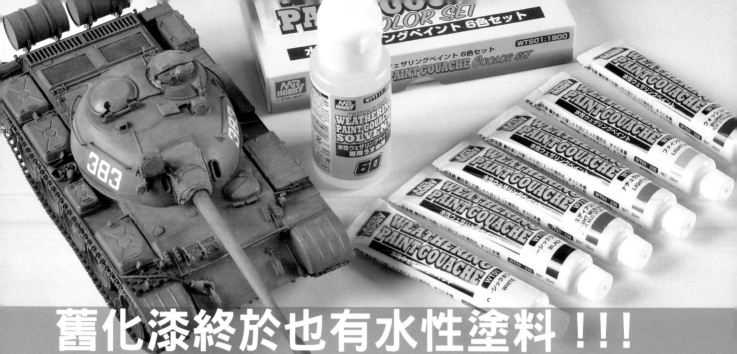

舊化漆終於也有水性塗料！！！
舊化塗料也跨入新紀元！！

使用宛如顏料的舊化塗料，讓你的模型變得更帥氣！！

「水性舊化洗塗漆」是GSI Creos推出的新產品，是一種管狀塗料，搭配水或專用稀釋液稀釋使用。GSI Creos還有一款大受歡迎的產品「Mr. WEATHERING COLOR舊化漆」，這是以油性顏料為基底的產品，無法溶於水中。

水性舊化洗塗漆和Mr. WEATHERING COLOR舊化漆一樣，都是由AFV模型師吉岡和哉監修顏色，絕對是相當適合用於汙漬表現的色調，就讓我們趕快來看看使用方法！！

● 產品系列共有 6 種顏色！！！

▲從左邊開始分別為基礎白色、基礎黑色、淺泥棕色、淺鐵鏽色、沙塵色、深琥珀色。

水性舊化洗塗漆 6 色套組	水性舊化洗塗漆稀釋液
●銷售廠商／GSI Creos●2090日圓（有單個銷售，各363日圓），銷售中●6色套組	●銷售廠商／GSI Creos●638日圓，銷售中

只要從軟管擠出！

▲管狀塗料不需攪拌，只要擠到調色盤即可，相當簡便。

添加專用稀釋液

▲水性舊化洗塗漆稀釋液可以提升塗料的延展度和服貼度，提高完成度！若沒有這款產品也可以用水稀釋。

均勻混合

▲若想增加塗料延展性，滴入1～2滴稀釋液即可。若想用於入墨線，請加入適量的稀釋液直到塗料呈水狀流動。

剛好的黏稠度

▲塗料的黏稠度高，若以濃稠狀態塗色，會有黏稠的感覺。

塗好後請延展塗到模型上方

▲在希望表現汙漬的地方塗上塗料後，請用吸附稀釋液的平筆延展推開或輕輕點開，讓汙漬擴展到整體，會出現不錯的效果。

讓細的畫筆吸附稀釋液

▲若想調整出細微的汙漬感，用細的畫筆沾附稀釋液延展塗料。

● 請多多利用畫筆和棉花棒！

> 運筆時請往汙漬將要滴落的方向描繪

> 用棉花棒擦拭多餘的塗料！

> 請讓塗料完全乾燥

> 用清水洗淨畫筆即可

▲用吸附稀釋液的畫筆，將塗在擋泥板的塗料延展抹開。延展時，請往汙漬將要滴落的方向描繪。

▲只用畫筆延展就可以擴展塗料，但是無法將多餘塗料擦拭乾淨。這時請使用吸附稀釋液的棉花棒。用棉花棒清除調整，形成汙漬錯落分散的樣子。

▲完成了汙漬堆積在擋泥板末端或模型紋路的感覺。請不要觸碰並且讓塗料完全乾燥。水性舊化洗塗漆完全乾燥後會呈消光表面。表面光澤消失可視為塗料乾燥的訊號。

▲汙漬塗裝完成後，清洗畫筆。請用水清洗乾淨！！畫筆上的塗料一旦乾燥，先用稀釋液輕輕清除後再用水清洗乾淨。

● 試著塗上極為稀薄的塗料！

> 整體塗上稀薄的塗料也別有一種樂趣！！

> 用沾附稀釋液的棉花棒擦拭！

▲一口氣將極為稀薄的塗料塗在整個模型，就會呈現另一種風情。這就是所謂漬洗技法。

▲待呈半乾燥狀態時，用吸附稀釋液的棉花棒擦拭整體。利用表面殘留些微的塗料，可以表現出戰車使用多年的歲月感。

● 還可塗出鏽斑汙漬！

> 也可塗出鏽斑汙漬！

> 只用畫筆或棉花棒融合！

▲淺鐵鏽色可以描繪出明顯的鏽斑色。在容易生鏽的部位塗上明顯的色調。

▲用棉花棒或畫筆吸附稀釋液，只要稍微在塗料上色的地方暈染開來，就會呈現非常逼真的生鏽感！

● 還可畫出飛機模型的汙漬，甚至可以塗在水貼表面！

> 挑戰畫出煤煙汙漬！

> 在通常會出現汙漬的部位塗上較濃稠的塗料

> 用吸附稀釋液的畫筆暈染

> 用棉花棒修飾調整

▲基礎黑色最適合用於表現煤煙汙漬。試試畫出引擎排氣管產生的汙漬！！

▲彎彎曲曲塗在會沾附煤煙汙漬的地方。

▲將塗料上色的地方暈染開來，請想想飛機的飛行朝向，由前往後描繪出汙漬的流向。

▲想保持乾淨的部位，請用棉花棒一口氣劃過擦拭後即完成！

> 還可一下子表現出褪色的樣子！！

> 用平筆延展塗料！

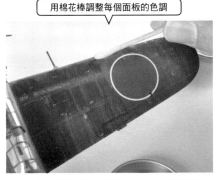
> 用棉花棒調整每個面板的色調

▲若用基礎白色像這樣點塗在模型上，就可以隨意表現出褪色的樣子。

▲用吸附稀釋液的畫筆，一筆將塗上的塗料延展開來，如此就會在模型表面覆上一層白色濾鏡效果，呈現出褪色的樣子。

▲用棉花棒擦拭，調整飛機每片機翼面板的汙漬。如此就會增添層次變化，也不會損壞水貼。

用水性HOBBY COLOR和
水性舊化洗塗漆完成
舊化塗裝效果！！

汙漬塗裝和筆塗的契合度佳！！

這次使用水性HOBBY COLOR和新推出的水性舊化洗塗漆，為Maschinen Krieger塑膠模型塗裝。這次在添加汙漬塗裝的前提下，開始筆塗作業。在模型世界中，將汙漬塗裝稱為「漬洗」。

這次想讓初次嘗試漬洗的人，挑戰看看門檻較低又可呈現帥氣迷彩的「冬季迷彩」！！！漬洗是非常有趣的塗裝作業，絕對會讓大家沉迷其中無法自拔。

這次的重點！！
● 以舊化漆做最後修飾為前提開始筆塗！
● 冬季迷彩的塗白方法
● 使用水性舊化洗塗漆描繪的汙漬
● 掉漆效果

NAVIGATOR
KINOSUKE／模型師，月刊HOBBY JAPAN雜誌曾刊登其機器人、汽車、摩托車的作品範例，以其擅長的筆塗完成。通常多使用硝基漆塗裝，因為對水性HOBBY COLOR塗料充滿興趣，而第一次挑戰以水性塗料塗裝！

WAVE 1/20比例塑膠套件
S.A.F.S. Mk.III Raptor
製作與撰文／KINOSUKE

WAVE 1/20 S.A.F.S. Mk.III Raptor
modeled&described by KINOSUKE

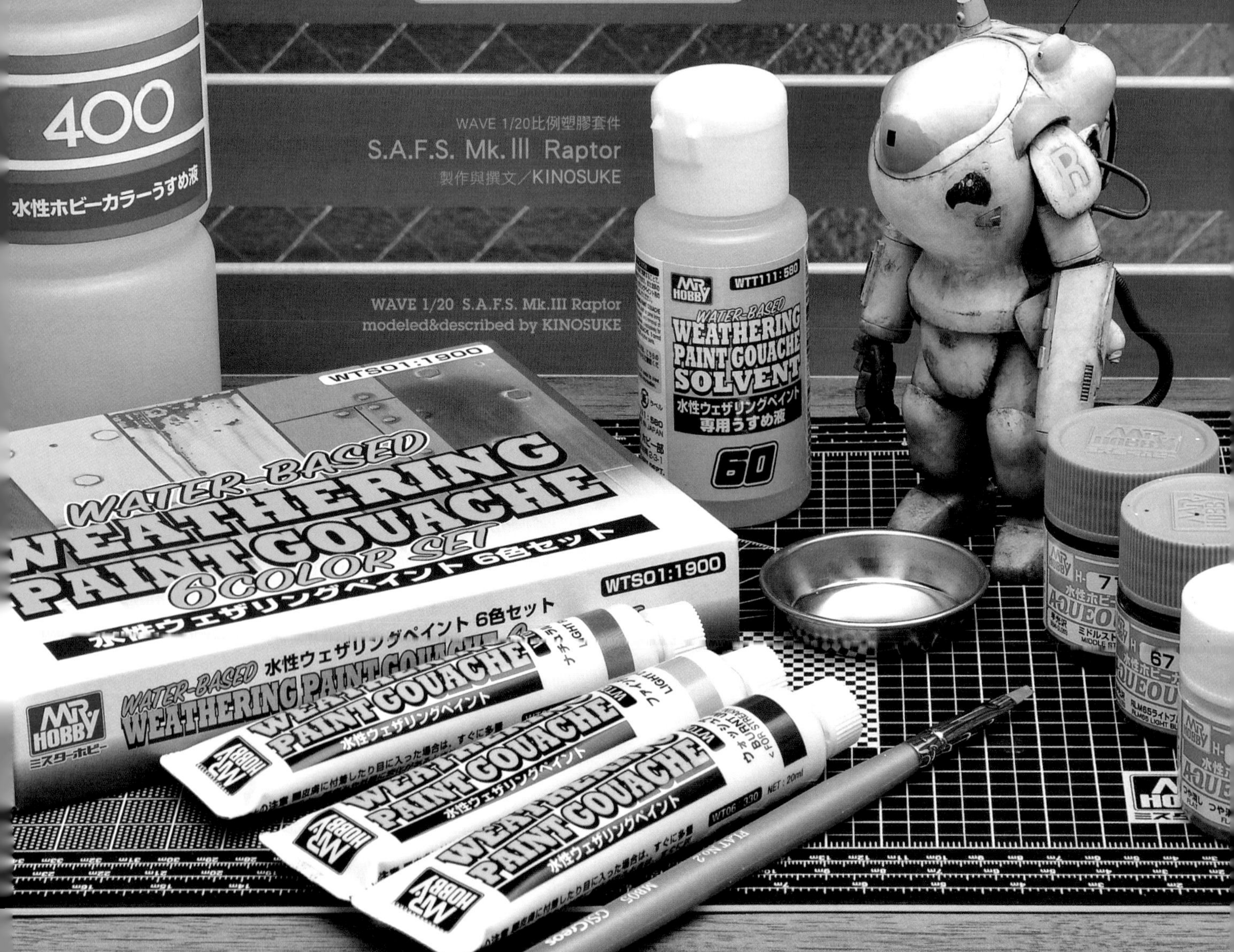

● 在底色表面塗上冬季迷彩，塗裝會更漂亮！！

請先塗上陰影色！！

塗上機體色當成
冬季迷彩的底色

模型組裝後筆塗
也別有一番樂趣！

這就是冬季迷彩！！！

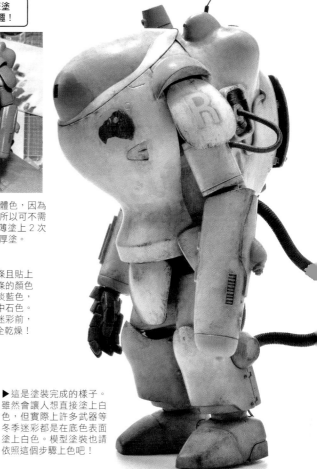

▲在噴上補土後，塗上機體色前，用稀薄如水的水性HOBBY COLOR塗料黑色＋桃花心木褐色，塗在會形成陰影的部分。裝甲的內側和之後畫筆難以深入的部分也需上色。畫到最後會漸漸看不出來，所以大概上色即可。

▲混合RLM灰色02和橄欖綠，調出當成冬季迷彩底色的機體色。

▲塗上當成底色的機體色，因為要在表面塗上白色，所以可以不需在意筆痕！！整體薄薄塗上2次左右，後續就不需要厚塗。

◀這是描繪至識別條且貼上水貼的狀態。識別條的顏色為RLM65淺藍色＋淡藍色，再加一點消光白和中石色。別忘了！塗上冬季迷彩前，先讓之前的塗料完全乾燥！

重點是腳要離地！

▲固定在檯面上時，若有離地約幾公釐，塗料就不會堆積在腳的邊緣，而有較好的塗裝效果！

至此迷彩底色
塗裝完成！！！

▶這是塗裝完成的樣子。雖然會讓人想直接塗上白色，但實際上許多武器等冬季迷彩都是在底色表面塗上白色。模型塗裝也請依照這個步驟上色吧！

● 實際塗裝！！！冬季迷彩就這樣塗裝！！

接下來要正式進入冬季迷彩的塗裝。雖然可以直接塗在本體上，但是為了讓大家清楚了解，這次利用塑膠製的湯匙介紹塗裝方法，這個湯匙也可以用於Maschinen Krieger的零件改造。

利用湯匙對照
筆塗重點

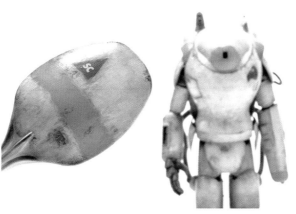

▲塑膠湯匙和Maschinen Krieger的弧面零件相似。利用這個湯匙來讓大家仔細觀看塗裝方法。

這些為使用的用具

▲使用的塗料除了白色，還有中石色、桃花心木褐色、RLM灰色02、木棕色和消光添加劑等。在白色中少量混入這些顏色，塗上色調稍有不同的白色，為冬季迷彩添加層次。

塗上機體色的湯匙現身

▲這是塗上和Raptor相同顏色的湯匙。在上面添加冬季迷彩。

白色尤其需要攪拌均勻

▲白色使用消光白。白色塗料很容易沉積在底部，保險起見請攪拌均勻。

其他顏色也都沾取至紙調色盤上

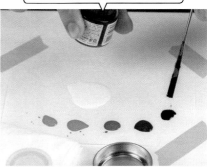

▲除了白色，從左邊起在調色盤上放上中石色、RLM灰色02、木棕色、桃花心木褐色和黑色即準備完成。

每種塗料都先滴 1 滴稀釋液

▲為了保持塗料濕潤度，每種塗料都事先滴上水性HOBBY COLOR稀釋液。

調出各種色調的白色！！

▲分別在白色混入中石色和RLM02灰色，一次調出兩種顏色。對筆塗速度凌把握的人也可以每次塗色時再調色。

先塗暗白色

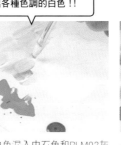

▲塗上在白色加入RLM02灰色和少量黑色的暗白色，就成了冬季迷彩的基底色。

大概塗至透出底色即可！！

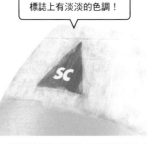

▲用筆塗塗上暗白色時，塗至隱約透出底色即可。這層顏色扮演底色的角色，有助於提升其表面塗色的顯色度和服貼度。

請避開標誌

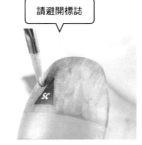

▲底色透出，筆痕明顯。但是最暗的白色大約塗至這個程度即可。由於在塗冬季迷彩之前，已經在機體貼上標誌，所以塗白色時請避開標誌。

第一層完成！

▲整片淡淡塗上接近灰色的白色即可。在這個階段，不需要遮蓋底部的機體色。

開始塗上消光白！

▲暗白色乾燥後，塗上沒有混色的消光白。先稍微降低塗料的濃度。

注意不要厚塗

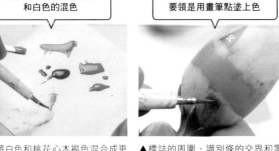

▲用細短筆觸一點一點塗上。請避免厚塗！！漸漸地就會看不見底色。

第 2 層完成！

▲色調明顯比之前明亮許多。另外，中央識別條和白色的交界，不需要明顯區分塗色，如塗裝範例一樣帶點暈染的感覺會更好看。

調出稀薄如水的白色！！！

▲接著為了描繪出標誌上覆蓋一層薄薄冬季迷彩的樣子，調出極為稀薄的白色。

快速用筆尖刷過！

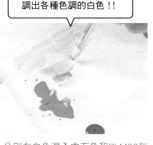

▲不要將稀薄如水的塗料堆疊厚塗，而是用筆尖快速劃過即可！

標誌上有淡淡的色調！

▲外觀就會形成標誌表面覆蓋淡淡冬季迷彩塗料的樣子。

接著描繪汙漬！

▲白色物件被沙土弄髒後會染成黃色和棕色。將這些汙漬添加在白色冬季迷彩的表面。先將中石色和白色混合，調出帶有強烈黃色調的白色。

決定好顏色後試塗

▲因為色調濃淡有點微妙，實際輕輕試塗在模型各處。若色調不理想，在下一個步驟前重新塗色修正。

將塗料塗在會有汙漬的部分！

▲不要整片塗色，只要淡淡塗在會出現這些汙漬的部位。

接著塗上桃花心木褐色和白色的混色

▲請將白色和桃花心木褐色混合成更髒的汙漬色調塗上色。

要領是用畫筆點塗上色

▲標誌的周圍、識別條的交界和零件邊緣等，塗在這些有了汙漬會更擬真的地方。

白色漸漸有了汙漬

▲用水性HOBBY COLOR調出汙漬色調，並在各處塗色後的狀態。再於表面塗上水性舊化洗塗漆，不但可融合各處的色調，還可讓整片顯髒。

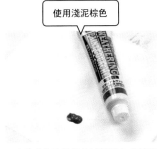

使用淺泥棕色

▲水性舊化洗塗漆的淺泥棕色是恰到好處的土色，屬於可表現各種模型髒汙的通用塗料。

用專用稀釋液稀釋

▲滴入約2滴水性舊化洗塗漆專用稀釋液稀釋。只需少量就有絕佳的延展性。

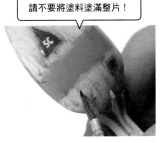

請不要將塗料塗滿整片！

▲以隨處描繪出細線條的方式塗上淺泥棕色。若整片塗上會讓成品變得很單調。

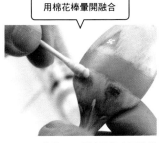

用棉花棒暈開融合

▲不是用擦拭，而是讓零件表面隨機塗上的淺泥棕色融合。請用棉花棒塗抹延展或點塗。

調出掉漆色！

▲接著要用「掉漆技法」，就是表現出塗料剝離露出金屬材質的損壞表面。使用了金屬黑、桃花心木褐色和消光添加劑。

要領是混合消光添加劑

▲這個步驟是想表現外露的金屬質地會隨著時間呈現失去光澤的損壞模樣。這裡建議混合少量的消光添加劑。

以乾刷方式上色

▲用使用很久或筆尖損壞的畫筆沾附塗料，在紙巾擦拭至塗料乾燥。

用刷毛分叉的畫筆隨意添加損壞痕跡！！

▲只要用筆尖輕點就會呈現如圖示般的傷痕！！簡單實用又超好看。

針對裝甲邊緣等處！

▲會有較多傷痕的部分請大膽用畫筆摩擦塗色。

完成！！！

◀用各種不同色調的白色表現汙漬，再加上水性舊化洗塗漆和掉漆技法，完成了超帥的冬季迷彩塗裝！！Raptor本體就用相同的步驟塗裝。

潤飾簡單！

▲即便髒汙表現過度，掉漆技巧失敗時，也請不要慌張！！只要在表面重塗上白色，一切問題隨即迎刃而解！請小心，太沉浸於描繪艙口和裝甲邊緣的汙漬，就會不知不覺畫得太髒。

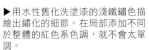

▶用水性舊化洗塗漆的淺鐵鏽色描繪出鏽化的細節。在局部添加不同於整體的紅色系色調，就不會太單調。

▲會形成陰影的面，只要塗在畫筆可伸入的地方即可！畫筆無法深入的地方，完成後幾乎也看不到，沒有上色也沒關係！！

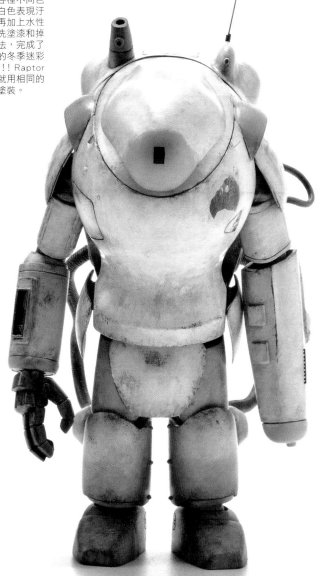

▼還隱約透出機體色，形成層次豐富的色調。

在客廳用水性塗料舊化漆完成最後修飾吧！！

若以漬洗為前提開始筆塗，這些筆痕和各種筆觸最後會形成自然又富層次的樣子。在冬季迷彩塗裝的過程中，即便塗上大量白色後覺得「好像越來越奇怪」，一旦薄薄塗上水性舊化洗塗漆的淺泥棕色或深琥珀色，就會形成自然色調。只要嘗試過落差如此強烈的變化，絕對會因為漬洗修飾的樂趣而開始著迷！！請大家多多利用水性塗料筆塗舊化完成更多帥氣有型的模型吧！！

FINISHED
WAVE 1/20 S.A.F.S. Mk.III Raptor

◀軟質聚乙烯製各部位的密封處和管線，維持成型色，再加上水性塗料舊化漆的深琥珀色＋基礎黑色漬洗。

◀看到頭部的艙口零件，就可以知道各種白色調可形成逼真如實的外觀氛圍。

▶天線用0.3mm的黃銅線改造而成。

▲留意將腳邊塗成暗色調，才能營造重量感，變得更立體真實。

◀標誌已經覆蓋上淡淡的冬季迷彩，提升整體形象。

有助水性塗料筆塗的好用小物

GSI Creos篇

GSI Creos從塗料到用品一應俱全！！

　　日本國內代表性廠商GSI Creos旗下的品牌Mr. HOBBY，推出許多方便模型製作和塗裝的商品。本篇挑選了幾樣用品，在水性塗料筆塗時，先準備擺放在一旁就很方便作業。

●銷售廠商／GSI Creos●銷售中

GTOOL　面相筆、圓筆、平筆　●各660～770日圓

世界第一個以矽膠製作筆桿的模型畫筆。

　　矽膠製筆桿相當好握，是不容易手痠的模型用畫筆。面相筆、圓筆和平筆等類型多樣豐富，筆尖使用柔韌度佳的PBT（合成纖維）設計。

▲矽膠筆桿的手握觸感極佳，不易手痠。

水性補土噴罐　●各990日圓

水性筆塗的完美良伴！！！

　　這是P.10～11也曾介紹過的水性補土噴罐。溶劑不太有刺鼻味，擁有更高的安全性，還能填埋表面傷痕或當成塗裝前的打底，是相當劃時代的商品，有瓶裝和罐裝兩種類型。顏色有灰色、黑色和白色。號數有500號、1000號等產品系列。

Mr. WEATHERING COLOR舊化漆
●各418日圓

非常好用的塗料，可用於入墨線或舊化處理。

　　舊化漆的塗料以油性顏料為基底，擁有極佳的延展性，可用於塑膠模型塗裝後添加汙漬以呈現更真實的色調。使用範圍廣，包括入墨線或舊化處理等，還可以和系列產品的其他塗料混色使用。

調色盤　●176日圓

不論有多少，都不嫌多！！！

　　金屬製的調色盤，用於稀釋塗料和調色時，為10入裝。由於是金屬製，有極強的溶劑耐受性，也很容易清洗。

溶劑大、特大瓶裝專用快速開啟&關閉瓶蓋
●330日圓

倒入溶劑時超方便！！！

　　你是否覺得這個瓶蓋有所不同？所以我們才想推薦給大家使用。瓶蓋可以開關，用手指按壓瓶口的另一側，就可一滴一滴地倒出溶劑。在調色盤或瓶中添加溶劑時真的很方便。

◀瓶蓋以顏色區分，也很容易識別分類，一旦鎖緊就能完全密閉。

Mr. WEATHERING COLOR
舊化漆專用稀釋劑　●990日圓

請連同Mr. WEATHERING COLOR舊化漆一起購入。

　　這是用於稀釋或擦拭Mr. WEATHERING COLOR舊化漆的產品，也可以用來洗淨使用Mr. WEATHERING COLOR舊化漆的畫筆，請大家一定要準備一瓶。

遮蓋膠帶　●110～198日圓

由和紙製成，超薄又服貼的遮蓋膠帶！

　　用極薄的和紙製成，撕除後不易和塗層產生層次落差，彈性佳，所以也相當適合貼在表面圓弧的零件。另外，其穿透性高，貼在切割墊裁切時或配合顏色複雜區分塗色裁切時，都可以提升裁切的準確度。

▲切割墊上的尺標都可透出顯現！！

模型筆刷專用清潔液　●660日圓

為了筆刷保養！！

　　這是筆刷專用的清潔液。洗淨力強，可輕易溶解硬化的塗料。另外，還具有潤澤刷毛的功用，對於筆刷保養相當有效。

噴漆夾固定盒（4個裝）　●660日圓

用於固定噴漆夾木棒！

　　固定底座，以便塗裝零件。還可以依照塗色和組裝零件分區使用，相當方便。建議搭配同品牌的噴漆夾木棒夾使用。

迷你噴漆夾木棒〈36支裝〉
●1100日圓

筆塗時有噴漆夾木棒會更方便作業！

　　夾子零件設計得更小，用夾子夾住細小零件和零件深處部分，強化了塗裝時的穩定性。有了這個工具真的大大提升了筆塗的方便性。還可以預防零件不小心沾上指紋的情況。

保濕調色盤　●330日圓

ACRYSION水性漆專用的保濕調色盤！

　　容器中的海綿吸收了水分，再放上專用調色板使用。海綿富含的水分會滲透至專用調色板上，所以可讓專用板上的ACRYSION塗料保持水潤，延緩乾燥。由於乾燥速度比一般的調色盤慢，所以提升了使用的方便性。

※此為ACRYSION專用產品。

ACRYSION水性漆
●銷售廠商／GSI Creos
●198日圓

試試看GSI Creos的另一種水性塗料「ACRYSION水性漆」筆塗！

　　GSI Creos除了有銷售水性HOBBY COLOR塗料，還有銷售「ACRYSION水性漆」。這是一種乳化系（屬性和本刊後面介紹的Vallejo水性漆和CITADEL COLOUR相同）的塗料，可以完全只用清水調節濃稠度即可。最值得一提的是它的味道，因為刺鼻味比水性HOBBY COLOR塗料更低，所以筆塗時完全都不會感到不舒服。

　　但是這個ACRYSION水性漆和其他塗料有一點點不同。塗色的感覺近乎在塗抹薄薄的接著劑。不過最近幾年ACRYSION的相關產品也有些變化，陸續推出了為了方便塗上ACRYSION水性漆所需的「ACRYSION水性漆基底色系列」、專用緩乾劑和最適合筆塗打底的水性補土噴罐500等。

　　接下來除了要解說ACRYSION水性漆的特性，還實際邀請GSI Creos工作人員告訴大家ACRYSION水性漆筆塗的訣竅。

●ACRYSION水性漆（一般色系列）的色調

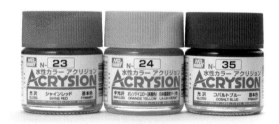

▲這些是一般的ACRYSION水性漆，基本色相當齊備，可描繪各種表現。

ACRYSION水性漆的特色！

- ●乾燥後具耐水性，會形成具耐溶劑的塗層。
- ●盡可能避免有機溶劑的使用，屬於刺鼻味極低的模型塗料。
- ●系列產品中還有水性乳化系塗料至今難以呈現的光澤塗料。
- ●薄薄成型的ABS製零件容易因為溶劑而損壞，但是因為此種塗料的溶劑成分低，較不會有溶蝕的問題。
- ●不同於溶解塑膠樹脂服貼上色的溶劑型塗料，這款塗料依靠本身的服貼度顯色。可以不需塗上底漆就直接塗在耐溶劑高的聚氨酯樹脂等零件。也可以為聚碳酸酯材質塗裝。但是有經過底漆的塗色打底，塗料的服貼度會更好。

●塗料以外的產品系列

　　除了塗料，還有緩乾劑，可以將塗料稀釋得比水還滑順。工具專用清潔溶劑可以去除乾燥後的塗層，所以是塗裝後保養工具的重要用品。

ACRYSION水性漆塗裝工具專用清潔溶劑
●銷售廠商／GSI Creos
●440日圓（110ml）、770日圓（250ml）

新推出的緩乾劑也不容小覷！

▶緩乾劑也是ACRYSION系列產品的一份子，以筆塗使用ACRYSION水性漆時，可以降低乾燥速度，還可以提升新畫筆的滑順度，呈現更好的延展性。請注意不要加太多，只要少少的一滴就很有效果。這些會在塗裝步驟的篇章中介紹實際使用的心得。

●ACRYSION水性漆筆塗緩乾劑
●銷售廠商／GSI Creos
●198日圓

● ACRYSION水性漆基底色系列的實力

ACRYSION水性漆基底色系列　●銷售廠商／GSI Creos●330日圓

就讓我們來看看ACRYSION水性漆基底色系列實際塗色的樣子。這是用畫筆在白色物件表面試塗一次的樣子，顯色清晰得令人驚訝。整體呈霧面質感。彩度較低，名符其實的基底（打底）塗料。另外，基底色還如補土般具有底漆的效果，可以讓塗在上層的塗料相當服貼。

基底色藍色	基底色黃色	基底色紅色	基底色綠色

ACRYSION水性漆
筆塗的最佳夥伴
「水性補土噴罐500」

▲在味道溫和的水性補土噴罐中，型號「500」的產品和筆塗最為契合。偏粗的顆粒可以讓塗料更服貼，簡單固定住顏色。在其表面塗上ACRYSION水性漆，就可以大大提升塗裝表現，推薦給大家。筆塗時請務必等其完全乾燥。

水性補土噴罐500
●銷售廠商／GSI Creos
●990日圓

試看看ACRYSION水性漆和ACRYSION水性漆基底色系列

充分混合！

▲這是任何塗料的基本關鍵！塗料攪拌均勻至可上色的程度。

塗料在瓶中已是適合筆塗的濃度狀態！

▲ACRYSION水性漆一開始就調配成適合筆塗的濃稠度。畫筆可以直接伸入瓶中吸附塗料。

一點也不顯色⋯⋯

▲第一次塗色，只出現淡淡的藍色和油油亮亮的樣子。真的可行嗎？

第2次塗色，奇怪??

▲這種天藍色似乎尤其不顯色。乾燥後再塗一次，但也沒出現預期的色調。

ACRYSION水性漆基底色系列登場!!
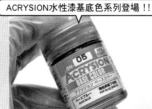
▲因此請出打底塗料「ACRYSION水性漆基底色」。先試著塗上基底色藍色。

遮蓋力超強！

▲只塗一層就遮蓋住橄欖綠，變成藍色。

終於顯色!!!
ACRYSION水性漆基底色系列實力超強。

◀沒想到竟是如此顯色的天藍色。用這款塗料似乎可行。

▶塗了基底色再塗上天藍色的地方（前面），和重複塗上天藍色的地方（後面），猶如天壤之別!!!使用ACRYSION水性漆似乎還是先塗上一層基底色效果更佳。

打底的威力實在太強大

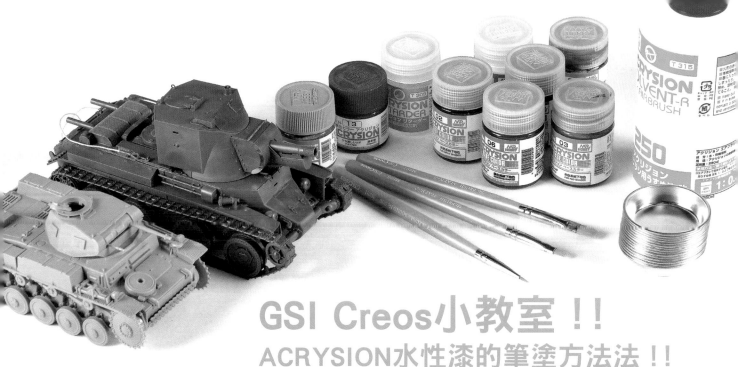

GSI Creos小教室！！
ACRYSION水性漆的筆塗方法法！！

今天開始大家也一起進入ACRYSION水性漆的世界吧！！

我們在前頁已經介紹過ACRYSION水性漆的特色，但是嘗試塗色幾次後依舊不理想……。因此這次我們邀請了推出ACRYSION水性漆的廠商GSI Creos，請工作人員直接教授大家塗色的方法！！！讓大家親眼見證戰車砲塔變成帥氣的模樣！！希望大家也利用這些塗色方法開心體驗ACRYSION水性漆的筆塗樂趣！

1

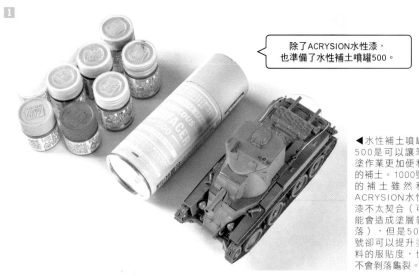

> 除了ACRYSION水性漆，也準備了水性補土噴罐500。

◀水性補土噴罐500是可以讓筆塗作業更加便利的補土。1000號的補土雖然和ACRYSION水性漆不太契合（可能會造成塗層剝落），但是500號卻可以提升塗料的服貼度，也不會剝落龜裂。

NAVIGATOR
片山雄一（GSI Creos）／隸屬株式會社GSI Creos模型部，負責硝基漆、水性塗料等GSI Creos目前各項主要商品的企劃，由於每日工作的累積鍛鍊，擁有極高的調色技巧。

> 整體噴塗上水性補土噴罐500

2

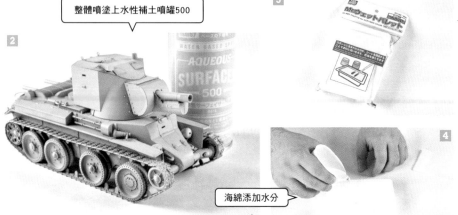

> 海綿添加水分

3

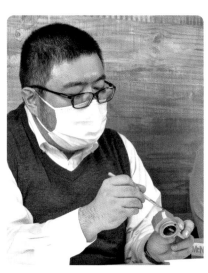

> 準備保濕調色盤！

▲保濕調色盤是可以延長ACRYSION水性漆使用的調色盤。海綿富含的水分會滲透至上層的調色板，持續帶給ACRYSION水性漆潤澤。

4

5

> 接著只要將調色板放在海綿上

▲整體噴上水性補土噴罐500。相較於硝基漆500號，噴出的亮粉極細，不會呈現凹凸不平的表面。噴塗後會產生細小的凹凸部分，而塗料會填補這些凹凸部分，所以塗料相當服貼且顯色度佳。

▲先讓海綿吸飽水分，請小心不要讓水分溢出。

▲在上面放上產品附的專用調色板即準備完成！

| 請多次攪拌塗料！ | 加入一滴專用緩乾劑 | 將緩乾劑和塗料混合均勻 |

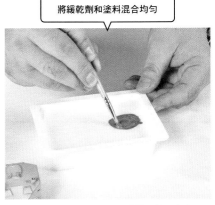

▲先從ACRYSION水性漆的底色ACRYSION水性漆基底色開始著手。為了以防萬一，將瓶中堆積的塗料色塊仔細拌勻。

▲「ACRYSION水性漆筆塗緩乾劑」是為了讓ACRYSION水性漆更好塗的新產品。只要滴入1滴即可。這樣就足夠使塗料產生良好的延展性，變得更好塗色。

▲塗料和緩乾劑充分混合後，準備工作即完成。

| 有了緩乾劑塗色更流暢 | 塗好後，畫筆要用「水」洗淨。 | ACRYSION水性漆基底色塗色不均也不需擔心！ |

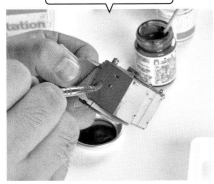

▲因為塗料的延展性更佳，連大面積的砲塔都能順利塗色。

▲清洗畫筆用水即可！！！收拾和變換塗色時，請用水將畫筆清洗乾淨。

▲第2次上色，將全部的面都塗上ACRYSION水性漆基底色。因為ACRYSION水性漆基底色為底色塗料，所以產生筆痕都不需在意！！！因為它的用途在於穩固上層的塗料。

| 接下來塗上一般的ACRYSION水性漆 | 只要滴入1滴緩乾劑 | 請充分混合 |

▲如同ACRYSION水性漆基底色，仔細攪拌均勻後，將塗料移至保濕調色盤。開始塗綠色。

▲另外和前面一樣，只要在ACRYSION水性漆滴1滴ACRYSION水性漆筆塗緩乾劑。

▲充分混合後，就開始塗ACRYSION水性漆！！

| 第一次塗色至底色隱約透出即可！ | 第2次塗色，顏色鮮艷油亮。 | ACRYSION水性漆可以混色 |

▲如果想一次遮蓋住ACRYSION水性漆基底色，塗層會變得非常厚。第1次上色只要塗至隱約透出底色即可，等乾燥後，於第2次上色時再仔細畫出色調。

▲經過第2次塗色，整體已呈現綠色。另外，ACRYSION水性漆還有一個特色，就是在大多為消光塗料的乳化系塗料中，擁有許多具「光澤」的塗料。

▲若直接使用瓶中的綠色，顏色相當明亮，所以想利用混色調出類似俄羅斯綠。先將黃色和綠色混合，比例大概為黃色1，綠色2。

> 滴 2～3 滴紅色

▲黃色和綠色混合後，再加入 2～3 滴的紅色，調成俄羅斯綠，就可以完成最後修飾的色調。

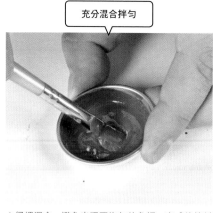

> 充分混合拌勻

▲仔細混合，避免出現不均勻的色調。完成的塗料先移至保濕調色盤，就能長時間使用。

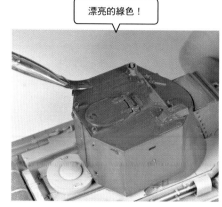

> 漂亮的綠色！

▲調色也很有趣，可以增加塗裝的樂趣。

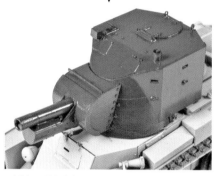

> 油油亮亮的綠色！！

▲透出下層亮綠色，不完全遮蓋的色調更迷人。這是筆塗才會呈現的塗層表面。但是依舊過於油亮。

> 鍍膜就交給高級水性透明保護漆！！！

◀關於ACRYSION水性漆的鍍膜，高級水性透明保護漆是最佳夥伴。若噴上消光保護漆就會成平滑消光表面，而且筆痕變得一點也不顯眼。我想大家可看出剛才油亮的感覺不見了，還可降低色調不均的情況。

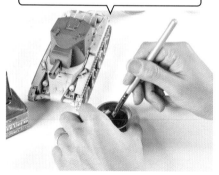

> 使用Mr. WEATHERING COLOR舊化漆

▲同樣為GSI Creos產品的Mr. WEATHERING COLOR舊化漆，最適合用來為ACRYSION水性漆的塗裝表面入墨線和清洗。這次塗上Mr. WEATHERING COLOR舊化漆漸層紫羅蘭，可在表面形成淡淡的紫色。

> 這是濾鏡效果技法

▲舊化漆漸層紫羅蘭可以降低筆塗產生的色調不均或漸層的對比變化，也可以利用薄薄的塗層表現陰影色。這在模型界中稱為「濾鏡效果技法」。

> 還會流入細節刻線

▲塗料也會流入紋路刻線等細節部分。

> 用畫筆將塗料堆積的地方延展抹開

▲若堆積過多塗料，乾燥後會產生細紋或汙漬，所以請將顏色推展抹開。

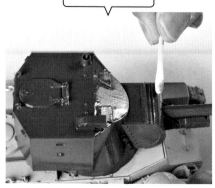

> 用棉花棒擦拭

▲表面堆積的多餘塗料，用棉花棒擦拭就可一次清除乾淨，所以請多多利用調整。

> 只要完全乾燥後就如圖示呈現，完成！！！

▲因為使用了Mr. WEATHERING COLOR舊化漆漸層紫羅蘭，調整出心中的綠色調，完成理想中的砲塔模型塗裝！！除了紫色，大家也可以用喜歡的顏色表現濾鏡效果技法！

讓水性補土噴罐500成為塗裝的好夥伴！！

堪稱水性筆塗專用的補土

　　ACRYSION筆塗也會使用的補土500，更是其他水性塗料的好幫手，還可以讓水性HOBBY COLOR的一般塗料更服貼，請大家使用看看！

水性補土噴罐500
●銷售廠商／GSI Creos●990日圓，銷售中

塗料無法上色～～

▲在塑膠表面直接用筆塗薄薄塗上塗料時，就會出現這種排斥狀態。

500號出場！！

▲這時就要請出水性補土噴罐500，味道溫和又方便好用。

仔細搖勻！！

▲水性補土噴罐500的顆粒比其他的補土稍微粗一點，所以要更仔細搖勻。若沒有充分攪拌瓶中的塗料，就無法發揮原有的性能。

上場、噴塗！！！

▲大概在距離約20cm處噴塗。避免在一處厚塗，請從各個角度噴塗上色。

外觀沒有想像中的粗糙！

▲大家聽到500號是不是會擔心，和1000號相比似乎蠻粗的……但是這個水性補土噴罐500不會形成極度乾燥的粗糙感，只會出現一點點凹凸表面。只要在表面塗上塗料就一點也看不出來。

薄薄塗上塗料，顏色就此服貼！

▲即便使用的濃度和先前無法上色的濃度相同，但是補土卻牢牢抓住了塗料，所以色調既顯色又服貼。

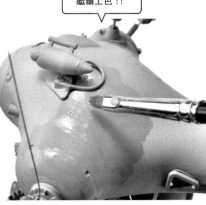

繼續上色！！

▲塗料服貼度佳，塗料不會在模型上四處流動，可以順利上色。請大家一定要試用一次看看！！

PART.2

田宮壓克力漆by田宮
TAMIYA COLOR ACRYLIC PAINT by TAMIYA

直接依照田宮組裝說明塗色！
用田宮的顏色
為模型塗色！

田宮壓克力漆可以因應戰車、
飛機、船艦、汽車模型……等
所有田宮銷售的模型。

「田宮壓克力漆」是全球知名模型廠商田宮代表性的產品。田宮塑膠模型組裝說明書指定的顏色，使用田宮壓克力漆準沒錯！因此，組裝田宮塑膠模型時，只要有了田宮壓克力漆就不會對選色無所適從，可以沉浸在塗裝的樂趣。

而且田宮銷售的題材都是各領域中令人著迷的經典之作，透過這些模型，可以運用田宮的顏色學習「模型塗裝的經典色調」，這也是這個塗料的特殊魅力。

許多模型店都將田宮壓克力漆當成基本商品的經典塗料。尚未使用過的人一定要嘗試看看，我想大家一定會驚艷於塗料的刺鼻性低，延展性佳和自然好塗的手感。

田宮壓克力漆迷你瓶
●銷售廠商／田宮●150日圓～

了解田宮壓克力漆的特色！！
讓田宮超經典水性塗料成為你塗裝的好夥伴。

　日本代表性水性壓克力塗料「田宮水性壓克力漆」可在各大模型量販店中購得。塗料的產品線豐富，可以為田宮推出的模型完成漂亮的塗裝，深受許多人的喜愛。塗料也很適合用於筆塗，只要了解其特色，我想明天開始大家都會想嘗試使用田宮水性壓克力漆！！！

●說明書中的「X-○○」和「XF-○○」為塗料型號！！！

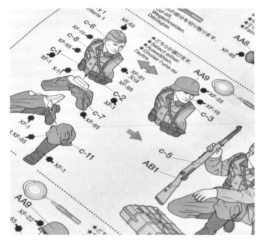

▶田宮水性壓克力漆的型號開頭分為「X」和「XF」，分別為光澤和消光的意思。X為光澤塗料，XF為消光塗料，請大家先記住這一點！！

| 光澤或消光！？ |

▲這是田宮塑膠模型的說明書圖示，圖示標有XF-○○和X-○○的文字，這些代表田宮水性壓克力漆。標示的部分表示這個地方要用這個型號的塗料上色。

| 使用塗料前請充分混勻！！！ |

▲塗色前請用攪拌棒充分混勻，若未充分攪拌，可能無法充分展現光澤或消光質感，還可能使顏色顯濁。這可是很基本的事前準備喔！！！

●筆塗準備

▲分別將混勻的塗料和溶劑移至調色盤上不同的位置。接著用畫筆吸附大量的水性壓克力漆溶劑，這個溶劑扮演的角色為促使畫筆塗料輸出的幫浦。

▲接著將筆尖輕點紙巾，就可以吸除堆積在筆尖的多於溶劑，也就不會使塗料過於稀薄。

也請準備田宮水性壓克力漆溶劑！

▶稀釋塗料和清洗畫筆時請使用專用的「田宮水性壓克力漆溶劑」。建議先準備一瓶特大號的溶劑！

▲用筆尖沾取塗料。若畫筆沾取太多塗料，會造成厚塗的問題，所以不要用畫筆沾取過多塗料。

▲畫筆沾取塗料後，不要直接在模型上色，也請先在紙巾輕輕點一下，讓紙巾吸除筆尖多餘的塗料後，筆塗準備即完成！！！

● 塗上X型號的光澤塗料

▲畫筆已準備好，就在模型塗上光澤紅。田宮水性壓克力漆延展性佳，相當好上色。

▲塗料乾燥後，光是這樣的光澤感就能感受到筆塗的趣味。

▲筆塗完成後，或想變換換使用的顏色時，請用水性壓克力漆溶劑將畫筆清洗乾淨。

● 塗上XF型號的消光塗料

▲使用消光系的XF型號塗料時，建議先取出壓克力漆溶劑，避免和光澤系X型號塗料共用。若稀釋消光塗料時使用混過光澤塗料的溶劑，很可能將光澤成分混入其中。

▲消光系的XF型號塗料比光澤系的X型號塗料更服貼、更好上色。連衣服的皺褶都能順利上色。

▲田宮壓克力漆迷你瓶的消光效果極佳！！！輕輕上色就可呈現霧面質感。

● 添加少量的透明漆，調配成半光澤色調！

▲田宮壓克力漆迷你瓶的消光表面有點粗糙，這時就需要「透明漆」！！！只要少量混合（真的只要1滴或2滴），就成了半光澤的田宮壓克力漆！

▲透明漆也要充分混勻後，再滴入1～2滴於使用的XF型號塗料。

◀用混合後的塗料上色後，上半身呈半光澤質感，下半身呈霧面質感。加入透明漆還會使塗料更加滑順，提升整體質感。

● 和琺瑯漆塗料相輔相成！

▲田宮壓克力漆和田宮銷售的琺瑯漆相當契合，請多多一起運用！

▲這是以琺瑯漆為基底研發的田宮入墨線液。瓶蓋就附有筆刷，開蓋即可塗色，是超級方便的品項。

◀用棉花棒擦除多餘的塗料。

◀用田宮壓克力漆上色後，塗上流動性高的入墨線液。

▶完成明顯的入墨線，而且完全不影響原本的田宮壓克力漆！

德國步兵套組（二戰中期）

製作與撰文／武藏

TAMIYA 1/35 scale plastic kit
GERMAN INFANTRY SET (MID-WWII)
modeled&described by MUSASHI

你也可以

利用田宮壓克力漆平塗
為人物塑膠模型上色！

挑戰基本筆塗！
只要學會這些就會更想塗裝！！

SNS上有許多精緻筆塗的塑膠模型，但是大家一開始都是從最基本的筆塗開始。因此本篇並不會介紹高難度的塗裝方法，而是用平塗上色，再以入墨線和輕易營造氛圍的乾刷，完成人物塑膠模型！！我想大家由此獲得的成功體驗，一定會促進下次的塗裝，而且會漸漸喜歡塑膠模型筆塗。請一定要參考試塗看看。

做到！

這次的重點！！
● 不要覺得很難，依照說明書的塗裝指示塗色吧！
● 沒有基本塗裝的混色，平塗上色模型就很漂亮！
● 用田宮水性壓克力漆的好夥伴「田宮琺瑯漆」添加色調！
● 乾刷就可以簡單營造出氛圍，是塗裝最大樂趣！

NAVIGATOR
武藏／原創套裝模件品牌「craftsperson」原型師，熱衷筆塗。曾是模型店的店員，擁有畫筆相關的豐富知識。

●先塗上陰影色，好處多多！

收納在專用筆盒中，也方便攜帶！

▲筆盒中裝有面相筆、平筆和乾刷筆等各種筆類。若瞭解畫筆的特性，了解越多就越能擴展塗裝表現。

田宮的底漆補土噴罐最好用！

▶即便以水性筆塗為主的國外，大多也使用硝基漆型的底色塗裝。這是因為若使用硝基漆塗料，即便其表面塗上水性塗料也不會將底色溶化，還可發揮底漆應有的效果。噴塗上色時請保持環境通風。使用的顏色為紅鐵鏽色。

準備田宮壓克力漆黑色

▲這次一開始就先塗上「陰影色」。這樣即便不刻意塗到深處，深處部分也會有陰影表現，還可以避免無法塗到的地方產生厚塗的問題。

用壓克力漆溶劑稀釋

▲將田宮壓克力漆消光黑移至紙調色盤。用壓克力漆溶劑稍微稀釋，將黑色塗料調整成可在人物紋路和模型刻線流動的濃稠度。

在基本塗裝前，先將塗料流入模型刻線！！

▲整體用之前的塗料上色。揮動畫筆用稀釋的塗料刷過整個人物模型。

用沾有壓克力溶劑的海綿擦拭！

▲用沾有壓克力溶劑的海綿擦去多餘的消光黑，因為底色是硝基漆，所以不會因為壓克力溶劑溶化。

從下面開始塗色，深處部分大概塗色。

▲不要一下塗上濃稠的塗料，而是分2次慢慢完成。第1次主要針對紋路和深處等不容易沾上塗料的地方。只要塗至隱約透出下層的紅鐵鏽色即可。

乾燥後再次於表面上色！

▲第1次塗色完全乾燥後（這點非常重要），再用相同的顏色重疊上色。與其一次塗上很濃的塗料，分2次上色才能呈現漂亮的色調。

褲子畫好後畫上衣

▲外套是有許多細節集中的部分。用較濃的塗料上色，反而會使塗料堆積在細節處。

用消光皮膚色畫膚色！

▲膚色為名稱有「Flesh」的產品系列。人物模型最吸睛的部分就是膚色。請充分混勻塗料後上色。

不要一次塗色，分2次塗色才會平滑。

▲描繪膚色時尤其要特別小心，第1次上色要像照片般整體塗上淡淡的色調即可。透出底色的黑色也沒有關係。

手腕也塗上皮膚色

▲薄薄的膚色完全乾燥後，於表面上再次塗色，就會呈現田宮壓克力漆消光皮膚色原有的色調。手腕也用相同的步驟上色。

吊帶的底色塗上木甲板色

▲為了讓吊帶的棕色更顯色，先用木甲板色打底。吊帶和皮帶是最容易畫出邊界的部分，請小心上色。

潤飾也簡單

▲但是修飾也很簡單。因為田宮壓克力漆遮蓋力強，只要等畫超出邊界的顏色完全乾燥後，在其表面重疊上色即可。

為包包上色

▲接著要為腰部裝備的包包類上色。正因為描繪的是細小零件，所以希望能完全發揮塗料性能，所以請充分混勻。

因為零件很小，請小心塗色。

▲雖然潤飾塗料畫出邊界的方法很簡單，但是依舊會有厚塗的可能。為了盡量避免潤飾步驟，請仔細塗色。

吊帶部分請小心不要畫出邊緣！

▲吊帶和肩背的背帶顏色不同。繩帶狀的細節交叉部分尤其需要小心塗色。

只有可看到的地方要仔細塗色

▲發揮了一開始塗上的陰影凹效果。行李等重疊部分，不但不好上色，勉強往深處塗色也容易使顏色變濁。此處只要塗在可以看到的部分，深處陰暗部分就會形成陰影，看起來就會很自然。

鋼盔的塗裝

▲如果覺得鋼盔塗色很輕鬆而隨意上色就糟了！因為最難潤飾的「臉」就在其下方。為了避免塗料塗到臉部，描繪鋼盔邊緣時要特別小心。

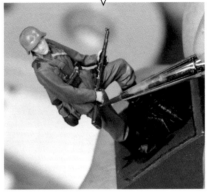

木頭部分用艦底紅塗色

▲槍枝的木頭部分保留底色的紅鐵鏽色似乎也很有真實感，但是塗上艦底紅會提升木頭的仿真度。

基本塗裝完成！！

▶至此基本塗裝都已完成！！！由此可知用紅鐵鏽色的底漆補土當成陰影色，即便平塗都能有陰影的效果。

●「田宮琺瑯漆」襯托出田宮壓克力漆的優點

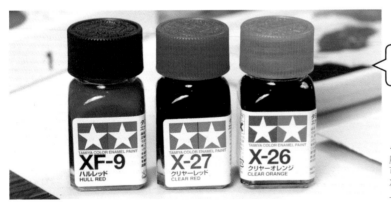

利用田宮琺瑯漆的魔法使平塗上色更漂亮

◀運用琺瑯漆絕佳的延展性，不但可在經過田宮壓克力漆塗裝的模型表面，再針對細節上色，還可以琺瑯漆溶劑稀釋後，在模型刻線入墨線。這次我們將琺瑯漆稀釋後，以「漬洗」技法在模型上色。

調配出臉的塗裝色調

◀若只塗上消光皮膚色，因為只有單色顯得氣色不佳。將琺瑯漆稀釋後塗在表面，為肌膚添加血色。上圖照片中的顏色以1：1：1的比例混合，再加入溶劑稀釋後使用。

▶淡淡刷過後，塗料會自然流至模型刻線凹陷部分，這樣即可。建議也可以使用入墨線液的「粉棕色」。

只要淡淡塗在整張臉即可

整套軍裝以刷洗的方式上色

▲將使用在臉上的棕色也塗在軍裝上。這樣一來，衣服皺褶、皮帶、吊帶的交界刻線就會更明顯，一下子提升了模型的立體感。

將塗料完整延展塗開

▲將塗料延展塗至整個模型。若有地方堆積塗料，該處將產生龜裂，顏色也會變濁。

乾燥後形象色調超逼真！！！

●乾刷是營造氛圍的最佳捷徑！

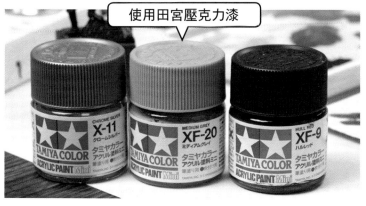

使用田宮壓克力漆

畫筆沾附塗料後
用衛生紙吸除塗料

◀用畫筆沾取塗料後，用衛生紙或紙巾擦乾畫筆的塗料。以這個狀態的畫筆塗抹模型，塗料就只會沾附在凹凸部分，增加立體感。

◀接著更換其他顏色的田宮壓克力漆，以乾刷的方式描繪出軍裝、腳邊磚塊和鋼盔金屬剝落的樣子。模型經過漬洗後色調變暗，利用乾刷打亮突顯立體感。

◀在軍裝塗上中灰色。乾刷的重點在於針對衣服皺褶等處用畫筆乾刷塗色。要小心有時會太著迷其中，而使整個模型都變成白色。

針對衣服皺摺！！

▶褲子細細的皺褶經過畫筆摩擦刷過，細節瞬間顯現，讓人相當滿意！

褲子瞬間細節立現

磚塊也用乾刷上色！

▲磚塊用艦底紅乾刷。場景零件經過乾刷，真實感立現。這就是我最推薦乾刷的一點。

乾刷完成！

◀比起只經過漬洗，加上乾刷更能突顯立體感，讓模型更加漂亮。乾刷可以輕易表現出陰影對比，所以是相當簡單的技法。若維持這個樣子有點太明亮，所以再添加一道步驟。

再次用漬洗融合色調！

◀用琺瑯漆溶劑稀釋琺瑯漆的艦底紅，並且漬洗在臉部和肌膚以外的地方。這樣就可以讓乾刷過度的地方更加自然。

▶若塗料過濃，會一下降低色調而變暗，所以用比之前稀薄的漬洗液快速刷塗過整個模型。

塗料經過稀釋！

只要塗上情景表現塗料就有底板的質感！！

▲由於這個塑膠模型中還包括了場景零件，所以只要塗上田宮的情景表現塗料，就會呈現底板的質感。只要塗在底座表面即可。使用的是沙土色。

用入墨線液為情景表現塗料上色！

▲情景表現塗料乾燥後再塗色。用稀薄流動的入墨線液暗棕色刷過，就會呈現自然質感。

完成溫潤的消光表面

◀漬洗塗色乾燥後，為了調整整體光澤度，塗上消光高級水性透明保護漆。

▶鋼盔和便當等金屬剝落（塗料剝落後，下層金屬外露的狀態），成了表面消光後的亮點，為模型添加了層次變化。

用乾刷表現金屬剝落！

約2個小時完成德國步兵模型！

推薦筆塗的人物塑膠模型
步驟少卻讓人樂在其中

　　現在的人物塑膠模型相當擬真，因此除了用過去的塗裝手法為人物模型上色之外，像這次利用平塗上色加上漬洗和乾刷等較少的步驟塗裝，也可以營造出相當逼真的形象氛圍，塗裝得非常漂亮。大家請先依照撰文內容嘗試筆塗吧！先完成一次成功的體驗真的很重要，只要成功完成一次，很快就能夠完成下一件更有型的作品。

　　田宮壓克力漆是相當一般的塗料，許多店家都有販售。和模型一起備齊顏色，持續筆塗吧！

◀模型實際上比這個尺寸還要小非常多，照片顯示的粗糙之處，肉眼幾乎看不出來。完成至這個程度大約需要2個小時。請大家就先依照這次內容以平塗上色！我想這樣你會因為完成了一件作品，而產生更想筆塗的想法。

◀配件金屬剝落的樣子成了點綴模型的亮點。

▲實際尺寸接近這張照片，衣服皺褶打亮等處都很自然。

▶田宮的情境表現塗料使我極力推薦的塗料。只要像這樣塗在人物所站的底板就非常有效果。

為「單色戰車」上色，從今天開始一起動手筆塗吧！！
筆塗和1/48比例軍事微縮模型系列是最佳組合！！

TAMIYA 1/48 scale plastic kit
U.S. MEDIUM TANK
M4A3E8 SHERMAN "EASY EIGHT"
modeled&described by mutcho

田宮1/48比例塑膠套件
美國戰車　M4A3E8
雪曼Easy Eight
製作與撰文／mutcho

戰車模型很適合運用筆觸表現，是筆塗的最佳組合

　　大家一起來挑戰「1/48比例軍事微縮模型系列」筆塗！！我們邀請了mutcho示範塗裝，他也曾在月刊HOBBY JAPAN的「水性塗料塗裝實驗室」連載。沒想到這次是mutcho第一次為戰車模型塗裝！！！沒有相關塗裝經驗的他會如何運用田宮的壓克力漆，為戰車模型上色呢？本篇內容也相當適合接下來要挑戰筆塗戰車模型的你參考，敬請參閱！！！

這次的重點！！
● 戰車模型先仔細打底上色後，再塗上基本色就會產生陰影而更有型！
● 乾刷技法的應用「點塗上色」，描繪出漂亮的筆痕吧！
● 挑戰髮絲掉漆技法！！
● 人物模型因為尺寸太小，所以不需要太仔細塗色，重點放在氛圍感！！

NAVIGATOR
mutcho／塗裝師，主要從事遊戲等微縮模型的塗裝活動。筆塗主要針對角色模型，而這次是他第一次挑戰了比例模型塗裝！！！

● 筆塗準備！

▶噴上補土後，除了讓塗料更服貼之外，還可以利用底色形成漸層塗裝。以戰車為例，只要在下半部噴上「黑色」，就可讓後續上色更輕鬆。軌道的金屬色和輪子的橡膠偏黑色，所以就可以利用補土的色調，完成步驟少的塗裝。

建議使用2種顏色的
底漆補土！！

提到美國就想到橄欖綠！！

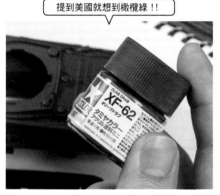

▲提到美國戰車，當屬橄欖綠！推薦大家使用田宮壓克力漆橄欖綠，在瓶裝的色調已經相當完美。

基本中的基本，請充分混勻塗料。

▲塗裝一開始若偷懶未仔細攪拌，將無法完全發揮出塗料應有的性能。不論哪一種塗料都要用攪拌棒充分混勻。

可以在戰車底部練習筆塗！！！

▲戰車模型的好處在於，完成後幾乎不會顯露的底部，這是筆塗練習的絕佳位置。這裡很方便使用於確認色調、筆觸等。

● 從車體塗裝開始！

從深處開始塗裝！！

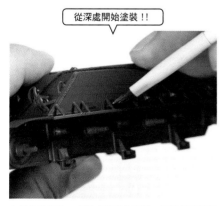

▲零件的條紋，會形成陰影的部分，通常經過筆塗後就很難再上色。先塗滿顏色可以避免厚塗。

大面積的部分請用長運筆一口氣上色！

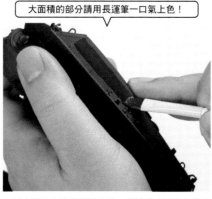

▲田宮壓克力漆的延展性佳，像這樣大面積的部分可以用長運筆一口氣上色。

請確認角落是否忘了塗色！

▲請確認各處，例如深處塗裝是否完整上色。然後等完全乾燥後，再進行下一次的塗裝。

●畫筆清洗乾淨！

將壓克力漆溶劑移至調色盤

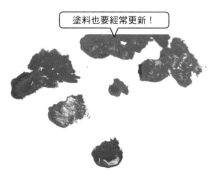

因為要更換畫筆，所以先清洗乾淨！

塗料也要經常更新！

▲壓克力漆溶劑在筆塗過程中可以用來清洗畫筆或稀釋塗料。使用時請在調色盤放入需要使用的量即可。

▲要改用其他畫筆時一定要將畫筆清洗乾淨。畫筆一旦沾上塗料，經過一段時間就會硬化，會對畫筆造成很大的傷害。

▲移至調色盤的塗料會隨著時間變乾，不要勉強使用，若乾了，就請從瓶中取出新的塗料。

●畫筆清洗乾淨！「蓋印塗裝」就用乾刷專用畫筆！

改拿乾刷專用畫筆！

稍微保留一點畫筆的塗料

與其說用塗的，倒比較像是用「點」的！！！

▲這是CITADEL的乾刷專用筆，筆尖刷毛較硬，非常適合用於摩擦筆尖上色的「乾刷技法」，想描繪漂亮的乾刷效果絕不可少了這支筆。但是這次想使用乾刷的進階技法。

▲乾刷是讓畫筆沾取塗料後，在紙巾擦去塗料直到近乎沒有顏色後再塗色，但是這次是讓畫筆在有塗料的狀態下塗色。

▲利用乾刷專用筆的硬刷毛，沾取塗料後如照片般點塗上色。點塗會形成不規則的筆觸，層次豐富，形成漂亮的筆觸紋路。

運筆縱畫或橫畫！

◀用畫筆點塗時不要保持一定方向，而是時而縱向時而橫向，改變握筆方式點塗，就可以為塗層添加不同的風貌。

▶整體蓋印完成後，作業先告一個段落。橄欖綠為消光塗料，若維持現在的狀態會變成表面粗糙的戰車。而且維持消光塗料的狀態，上層塗料的服貼度較佳，所以會更有助於後續塗裝。

第1次上色不需要完全遮蓋！！！

●第2次塗色使用調色後的塗料！

混入透明綠！

▲第2次塗上的顏色是在橄欖綠中加2滴左右的透明綠。這樣會變成半光澤的橄欖綠，色調也會變得明亮一些。將這個塗料再次點塗在表面，還會形成巧妙的漸層色澤。

請注意不要添加太多，2滴即可！

▲透明綠充分混勻後，用攪拌棒小心移至調色盤。用田宮攪拌棒約滴2滴即可。

加入少量的田宮壓克力漆溶劑

▲為了將2色充分混合，再加入田宮壓克力漆溶劑。這也只要滴1滴或2滴就足夠了。太稀釋會無法顯色。

充分攪拌均勻

▲不論何時，不論在哪一種狀況下，都要將塗料充分攪拌均勻，像這樣調色的時候也一樣。

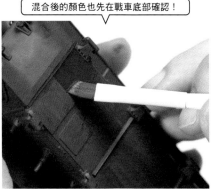
混合後的顏色也先在戰車底部確認！

▲這時也是運用戰車底部的好時機。試著實際上色，確認色調和光澤度是否符合心中預期。

持續蓋印塗色！

▲和第1次塗色一樣，用蓋印塗色。就會慢慢閃現不同的光澤和色調。這些不均勻色調正是添加韻味之處。非常符合戰車模型的特性。

完全乾燥後，再次蓋印塗色！

▲這是第2次塗色完成的狀態。紅鐵鏽色依舊很醒目。隱約顯現比較好看，所以再次用蓋印塗色或許比較好。

●軌道區塊的塗裝！

輪子的橡膠色可運用補土的黑色。

▲輪子的橡膠部分為黑色，所以運用補土的顏色，其他部分則用橄欖綠上色。

區分塗色完成！

▶軌道區塊先用黑色上色就會像這樣相當輕鬆好塗。另外，戰車模型會有陰影形成的部分，所以先用黑色上色就會形成深色陰影，使戰車模型有色調的對比變化。

● 砲塔塗裝&髮膠掉漆技法

從各個角度完整噴塗

▲砲塔的塗法和車體相同，但是既然底色為紅鐵鏽色，就試試髮膠掉漆技法。先拿一瓶家中常用的花王Cape髮膠噴在紅鐵鏽色的砲塔。

香氣清新&油油亮亮

▲整個都噴上髮膠後，先等候乾燥。乾燥後塗上橄欖綠。

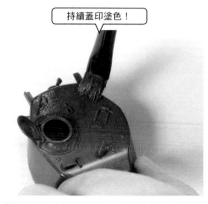
持續蓋印塗色！

▲同樣不斷在砲塔蓋印塗色，就可以突顯砲塔的鑄造紋理，塗裝會更漂亮。

第1層完成！

▲塗上橄欖綠後，第1層的塗裝完成。乾燥後再使用另一個顏色。

仍使用透明綠！

▲將這個顏色少量加入橄欖綠，塗在砲塔上。

呈現巧妙的漸層色調！

▲第2次的蓋印塗色完成。塗料乾燥後，用吸附水分的畫筆擦拭塗抹。

將畫筆完整吸附水分

▲將如乾刷筆般硬的畫筆，充分吸附水分。

用畫筆摩擦想讓塗裝剝離的地方

▲用吸附水分的畫筆摩擦模型。這樣會使水分和髮膠產生反應，使得塗在髮膠上的塗料剝落。

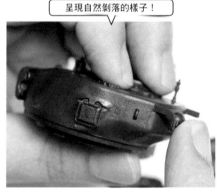
呈現自然剝落的樣子！

▲零件的邊角、艙口部份等剝落就更仿真。之後在噴上水性保護漆，塗料就不再剝落。

● 車體外部的裝備塗裝

▲戰車會有戰鏈和戰斧等裝備。這些工具的握把都為木頭色，所以這裡塗上木甲板色。

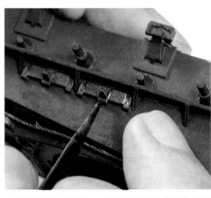

▲備用履帶為金屬色，所以很適合當成戰車的點綴。請用自己喜歡的金屬色上色，例如暗鐵色、金屬灰或青銅色。

▲砲塔基底露出的銀色，以筆塗添上鉻銀色。

● 人物塗裝

先塗上粉紅色補土

▲1/48比例模型的人物尺寸相當小,所以整體平塗上色後,只要加上漬洗即可。先在人物表面噴塗上田宮的粉紅色補土。

均勻平塗

▲接著仔細筆塗臉部、手套、鋼盔等部位,不要出現色調不均的狀況。

整體用入墨線漬洗

▲用田宮入墨線液暗棕色漬洗整個人物後,一下子就提升了真實感。

用琺瑯漆溶劑擦除多餘塗料

▲畫筆沾附琺瑯漆溶劑,將多餘的入墨線液清除乾淨。這樣人物塗裝即完成!!!

● 車體的漬洗

用入墨線加深刻線紋路!

▲將田宮入墨線液的暗棕色塗在整個車體。將塗料稀釋刷過的上色方式稱為「漬洗」。這樣整體就會沾上淡淡的汙漬,大大增加了戰車歷經風霜的樣子。

用棉花棒擦去多餘塗料!!

▲堆積太多塗料的地方,可以用棉花棒沾取琺瑯漆溶劑擦除。

◀貼上水貼就更完整了。因為混合了透明綠，不會呈現粗糙表面，而成為帶有淡淡光澤的帥氣戰車。

▶鏟子等車外的裝備都一一塗上不同的顏色，恰好當成橄欖綠戰車的點綴。

◀最近田宮戰車模型的人物都用3D掃描技術，每個部位的皺紋和表情模型刻線都非常細膩真實。單看造型的部分已經相當精緻，所以只要用平塗上色，並且在整體添加入墨線，就可以完成如作品範例的擬真氛圍。

完成！！

田宮1/48比例美國戰車　M4A3E8
雪曼Easy Eight！！！

這次單色戰車的塗裝，並沒有很細膩的區分塗裝，而是很豪邁地筆塗上色。戰車模型很適合保留塗裝筆痕，一旦利用了這次介紹的點塗上色「蓋印塗裝」技法，戰車塗裝成品的每一面就會呈現出歷經戰事的樣貌。這次介紹的方法利用塗裝到漬洗營造氛圍，並且用較少的步驟完成帥氣塗裝。

只要學會這個方法，基本上成品就會很漂亮！！！明天起大家就會深陷於戰車模型的筆塗樂趣！

有助水性塗料筆塗的好用小物

田宮篇

田宮集結了高品質的用品。

●銷售廠商／田宮●銷售中

田宮有許多自有品牌的工具和用品，讓喜歡自家塑膠模型的消費者更能體驗當中的樂趣。
其中我們將介紹有助水性塗料田宮壓克力漆上色的用品，以及方便筆塗作業空間的用品。

模型筆PROII系列　面相筆
所有模型師多次推薦的高級面相筆。

　這是我們在P.10也曾介紹的模型筆PROII系列畫筆。不斷有模型師表示使用這款畫筆有助於筆塗作業。畫筆使用頂級天然刷毛「柯斯基紅貂毛」（貂毛的一種），筆尖的聚合力佳，筆毛的柔韌度更是優異，而且塗料吸附力佳，可長時間上色，也很少發生塗色中斷的狀況。建議選購「小」和「細」的筆款。只要先擁有這兩款筆就可以讓你筆塗更順利。

小●1540日圓
細●1430日圓
極細●1320日圓
超級細●1320日圓

壓克力漆X-22透明漆 ●165日圓
常用於田宮塗料壓克力漆的光澤調整。

　田宮塗料壓克力漆的XF系列是消光塗料，相當具有霧面修飾的效果。有時會出現不光滑的樣子，在上色前少量混入這瓶「X-22透明漆」，就會呈現接近消光的半光澤效果，可以完成潤滑的塗層表面。

水性塗料緩乾劑（適用壓克力漆）●260日圓
塗料延伸性變得更好，使運筆更流暢。

　這個產品可以延緩田宮塗料壓克力漆的乾燥，提升塗料的延展性，減少筆痕的出現。混合時要注意使用量！和塗料的比例最多為1：10。最好用畫筆少量沾取與塗料混合即可。

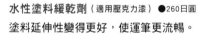

模型筆刷專用潤澤修護液 ●308日圓
筆刷保養的最佳幫手。

　利用溶劑洗淨畫筆，乾燥後使用這瓶潤澤修護液使刷毛柔順。潤澤成分可防止筆尖起毛的狀況，膠狀成分可以固定筆尖形狀，避免收納時的變形。對於模型筆PROII系列等動物毛的畫筆尤其有效。

15格調色盤（5片裝）●374日圓
拋棄式調色盤。

　調色盤的形狀相當特別，包括五角形和圓形。調色盤也有一定的深度，方便調色。邊緣還可以調節畫筆的塗料含量。大家還可以用剪刀分割調色盤，調整成自己方便使用的大小。

調色攪拌棒（2隻裝）●440日圓
調色與攪拌就交給攪拌棒處理。

　一邊為扁平刮刀狀，一邊為小型湯匙狀。只要用刮刀側伸入瓶中攪拌，就可充分混勻。後面的湯匙則用於調色。因為是金屬製品，可輕易清除塗料。

水性壓克力漆溶劑特大 ●660日圓
田宮塗料壓克力漆的好夥伴。

　這是稀釋田宮塗料壓克力漆和洗淨畫筆時必備的溶劑。建議買特大瓶才不會覺得一下就用光了。

琺瑯漆溶劑特大 ●550日圓
用於入墨線和舊化漆的擦拭。

　即便是田宮塗料壓克力漆筆塗的作品範例中，也會在入墨線和舊化處理時使用到琺瑯漆。在稀釋或擦拭琺瑯漆時絕對會需要這瓶琺瑯漆稀釋劑。依舊建議大家先購買特大瓶。

田宮入墨線液 ●各396～418日圓
田宮調色絕妙的大師級塗料。

　這款「入墨線液」推出了一系列的顏色，非常適合用於塗在模型刻線中，利用入墨線的處理提升模型的立體感。除了入墨線之外，還可選購田宮大師級系列，取得自己難以調出的色調，例如可用於舊化處理的棕色系，可用於強調肌膚陰影的粉紅色系。尤其超級推薦暗棕色、深棕色、橙棕色和紅棕色。

極細底漆補土噴罐L ●各660～880日圓
硝基漆底漆成了強而有力的好幫手。

　我們在P.10～11也曾介紹田宮的極細底漆補土噴罐，亮粉細緻，還加入了當成金屬零件底色的底漆成分。硝基漆底色，塗上水性塗料也不會有溶解的狀況，契合度極佳。刺鼻味較重，噴塗時請一定要保持環境的通風。

田宮舊化專用粉彩盒 ●各660日圓
可以輕鬆為筆塗增加點綴。

　半濕型（類似化妝品眼影的質感）的塗料，使用產品附贈的海綿和筆刷塗抹，可以輕鬆呈現乾刷和漸層的效果。筆塗後再塗抹這個產品，可以使零件呈現更豐富的色調。系列包括A～F套組，完全符合比例模型和機甲角色的塗裝。G和H套組則是適合人物肌膚的塗料。

A套組
沙土色、淺土色、泥土色

B套組
雪色、煤煙色、鐵鏽色

C套組
紅鏽色、青銅色、銀色

D套組
焦藍色、焦紅色、油漬色

E套組　乾刷色調
黃色、灰色、綠色

F套組
鈦色、淺青銅色、銅色

G套組（人物模型用I）
鮭魚色、焦糖色、栗色

H套組（人物模型用II）
淡橙色、象牙色、桃色

超過1000種色號的
產品系列並非虛張聲勢！

　日本有名的模型大廠之一，VOLKS為西班牙水性塗料「Vallejo」的日本總代理店。稀釋或畫筆洗淨全都可以用水處理，屬於乳化系水性塗料。幾乎沒有刺鼻味，主要成分約60%都是水，相當環保。大家在自家客廳都可以開心筆塗。

　本篇除了透過VOLKS人員的講解，還邀請了作品經常出現在模型雜誌「月刊Hobby JAPAN」的兩位筆塗模型師，透過塗法步驟來介紹Vallejo的特色。

PART.3

Vallejo水性漆by Vallejo
vallejo color by vallejo

歡迎來到水性塗料
創意家「Vallejo」 的世界！

介紹來自西班牙的世界級
水性塗料「Vallejo」!!!

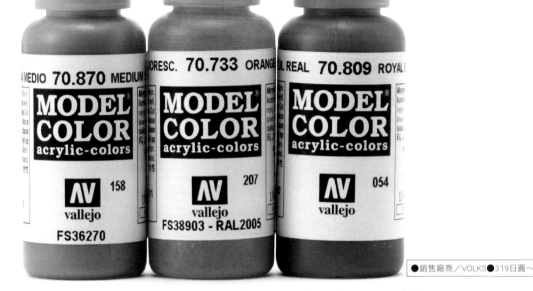

●銷售廠商／VOLKS●319日圓～

超安全、高性能,色號又豐富,成為大家筆塗的好幫手

VOLKS進口銷售的水性塗料「Vallejo」擁有相當豐富的色號,種類多達1000種以上,而且還依照用途細分成多個系列,尚未熟悉的人面對如此龐大的選項,可能會出現選擇困難。我們將在此為大家說分明!

塗料主成分約60%與水相同,可以用水(純水)稀釋這點顯示具安全性,所以在家中客廳就可以輕鬆塗裝。大家可以在日本全國的VOLKS展示店、秋葉原HOBBY天國2、HOBBY廣場、HOBBY天國網站購得相關產品。

● 塗料擠出方便!!Vallejo的特色「瓶裝」。

▲塗料特徵正是縱長瓶身設計,只要轉開瓶蓋,就會出現細細的尖嘴,按壓瓶身就可擠出塗料。不但不沾手,還可簡單擠出需要的用量。使用前請一定要搖勻。

● 在手掌敲打攪拌!!!

◀除了搖晃瓶身,還要將瓶子在手掌上敲打,才可以將瓶內的塗料搖晃均勻。

● 放入攪拌球更方便!

◀Vallejo塗料的瓶蓋尖嘴可以打開,只要先將1至2顆攪拌球放入瓶中,就可加速攪拌均勻。

● 塗裝準備只需要水和調色盤!!!

Vallejo塗料可以只用水稀釋上色,也可以只用水洗淨畫筆,所以作業時只需要調色盤和水,事前準備超簡單!!!

▲將塗料擠在調色盤。　　　　▲將畫筆吸附水分。

◀用畫筆中的水稀釋塗料,塗裝準備即完成!!

●Vallejo有多種品項選擇！！

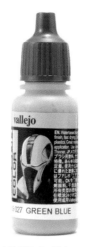

模型色彩（MODEL COLOR）

▲這是Vallejo塗料最標準的系列。瓶中塗料已經是筆塗時的最佳濃度。用水就可稀釋，相當方便。稀釋後還可以用噴筆上色，通用性高。當然由於色號豐富，不論是角色塑膠模型，還是微縮模型，或是比例模型的塗裝皆適用。

機甲色彩
（MECHA COLOR）

▲▶想試試Vallejo塗料，但是色號種類實在多得讓人不知如何選擇，對於這些人，我們建議先試試「機甲色彩」系列。這個色彩系列使用於機甲角色的塗裝，光基本色就有42種顏色，另外還有金屬色和風化色，是相當適合用於機器人的塗裝系列。

模型噴塗色彩（MODEL Air）

◀模型噴塗色彩是為了用於噴筆而推出的系列，當中約有200種基本色，可廣泛運用於角色模型到比例塑膠套件。雖說是為了噴筆的產品系列，但是也很適合用於筆塗！若想多次重疊塗上薄薄的塗料，以呈現平滑表面時，它會是你的最佳選擇。

模型色彩	模型噴塗色彩

▲將模型色彩和模型噴塗色彩相比，濃度差異清楚可見，從瓶中倒入調色盤後傾斜，就可看出模型噴塗色彩的流動性較高。

●需要連同塗料一起備齊的用品！

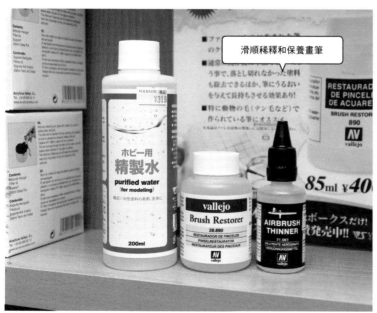

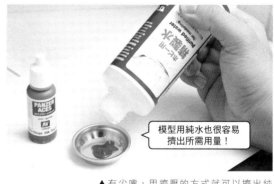

滑順稀釋和保養畫筆

模型用純水也很容易擠出所需用量！

▲有尖嘴，用擠壓的方式就可以擠出純水。因為可以一滴滴擠出，相當便於稀釋作業。

◀◀噴槍助流劑可以延緩塗料乾燥的時間，避免噴筆的噴嘴阻塞，可以當成所謂的緩乾劑使用。少量加入Vallejo塗料，塗料的延展性就會變得很好，還可延緩乾燥，塗色的感覺更加平滑。

噴槍助流劑也有緩乾劑的效果！

▲從左到右分別為模型用純水、畫筆修復液、噴筆用稀釋劑。純水不含雜質，塗料能稀釋得更澄淨。畫筆修復液不但可以清除畫筆的頑強汙漬，還含有潤絲成分，可以保養畫筆長久使用。噴筆用稀釋劑用於筆塗也有很好的效果，可稀釋塗料又可使其快速乾燥。

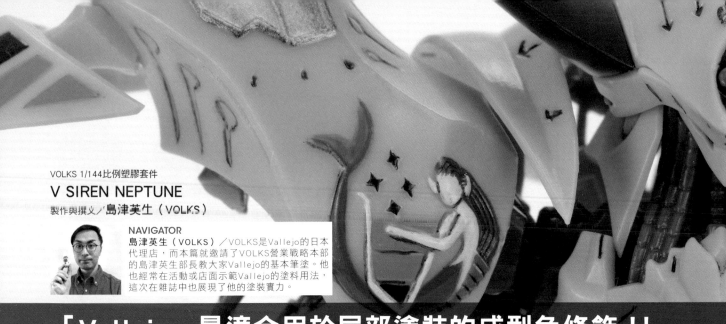

VOLKS 1/144比例塑膠套件
V SIREN NEPTUNE
製作與撰文／**島津英生（VOLKS）**

NAVIGATOR
島津英生（VOLKS）／VOLKS是Vallejo的日本代理店，而本篇就邀請了VOLKS營業戰略本部的島津英生部長教大家Vallejo的基本筆塗。他也經常在活動或店面示範Vallejo的塗料用法，這次在雜誌中也展現了他的塗裝實力。

「Vallejo」最適合用於局部塗裝的成型色修飾！！
VOLKS「IMS 1/144比例V SIREN NEPTUNE

Vallejo塗料實現了在客廳無臭塗裝！！

Vallejo塗料產品系列多達1000種以上的色彩，其中有不少色彩鮮艷的塗料。因此即便如角色模型般使用多種明亮色彩的塑膠模型，也能輕鬆應對。這次就從VOLKS精心推出的『五星物語』塑膠套件中，完成V SIREN NEPTUNE的局部塗裝。或許有人對「電氣騎士的局部塗裝？」充滿質疑，不過若使用Vallejo塗料，就能簡單完成。就請大家從本篇介紹中一睹Vallejo塗料的性能表現，即便鮮艷色彩也能服貼又顯色。

這次的重點！！
- Vallejo塗料的塗裝準備。
- 挑戰畫出漂亮的金色！
- 挑戰肩膀標誌的不同塗色。
- Vallejo塗料也有入墨線色調？
- 想畫出漂亮的白色！！！

Volks 1/144 scale plastic kit
V SIREN NEPTUNE
modeled&described by
Hideo SHIMAZU(Volks)

●Vallejo的塗裝準備

◀Vallejo塗料只需要用水就可以稀釋或將畫筆洗淨。若有保濕調色盤，就可以延緩調色盤上的塗料乾燥並且長時間塗裝。另外也請準備衛生紙以便擦拭畫筆。

▶為了將Vallejo塗料攪拌均勻，除了搖晃，還要在手掌用力敲打塗料容器的底部，以便將塗料攪拌均勻。

在手掌敲打攪拌

塗色前先在衛生紙上輕點筆尖

▲攪拌均勻後，將塗料擠在紙調色盤上。Vallejo塗料可直接從瓶中擠出，相當方便。

▲將畫筆吸附少量水分。

▲用筆中的水分稀釋塗料。少量水分即可。水分過多會使塗料過於稀薄，還請小心。

▲畫筆沾取塗料後，也要在衛生紙或紙巾輕點一下，就像將烤肉醬汁在白飯上沾點一樣。這樣就可以防止一下子將過多的塗料塗在模型上。每次塗色時都要先經過這一道步驟。

●Valleio有筆塗用補土

▲塗上「黑色」當作金色的底色。使用的是黑色底漆。這款底漆也適用於筆塗，所以可以只針對一點塗上底漆。使用前請先充分攪拌。

▲在NEPTUNE各處的金色部位塗上黑色。請將畫筆緊貼細節邊緣上色，就可以穩定筆尖，不會太超過邊界。

筆尖貼合細節邊緣上色！

▲因為是底漆不要塗得太厚，完全乾燥後塗2次即可。畫超出界的部分，用牙籤輕輕削除即可。

▲底漆完成！！黑色完全乾燥後就可以塗金色。

● 金色塗裝

因為有黑色底色讓金色顯晰！

▲開始塗上攪拌均勻後的金色。從細節交界和邊緣上色，之後再往內側塗滿。

▲經過1次上色並且等完全乾燥後，再次上色的樣子。Vallejo塗料經過2次上色後就會呈現很漂亮的顏色。Vallejo金色塗料的輝度高，顏色相當漂亮。

▲畫超出邊界的塗料就用牙籤清除！牙籤相當便於成型色修飾的作業。

▲這樣金色塗裝即完成。其他金色部分也請用相同的方式陸續上色。

● 鮮豔色彩的塗裝準備和塗色

嘗試直接上色的結果……

還有灰色底漆

▲NEPTUNE肩膀有許多鮮豔的線條和標誌。我們先試著畫出線條的顏色，熟悉Vallejo鮮豔色調的塗色方法。將粉紅色擠在調色盤上。

▲試著直接塗上粉紅色，結果會透出下面的藍色而無法顯色。這時請塗上用於金色的底漆。

▲塗亮色系時，塗灰色或白色底漆。這次使用灰色。將塗料放在手掌敲打攪拌均勻。

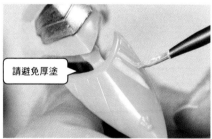
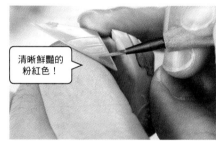

請避免厚塗

清晰鮮豔的粉紅色！

▲只在調色盤上擠出需要的用量。

▲只要將底漆薄塗在表面，就會有很好的效果。請留意，若厚塗會連帶使上層塗色變濁。

▲灰色底漆請薄塗。這樣的厚薄度就可以讓粉紅色完全顯色，由此展現出底漆的強力效果。

● 肩膀的標誌

底漆也可以混色

▲只要學會如前述粉紅色線條般鮮豔顏色的塗法，就可以描繪出肩膀標誌的顏色。請準備塗料和底漆。

▲混合黑色和灰色底漆，調成暗灰色底漆。

▲用調好的灰色為人魚身體塗色。這既是底漆又是各種顏色的黑色邊緣。臉等肌膚則塗成白色。

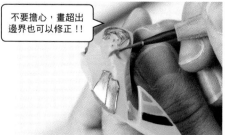

不要擔心，畫超出邊界也可以修正！！

細節塗色請小心

▲成型色修飾作業中，即便畫超出界，也可以用牙籤削除，所以毋須太擔心。畫筆沿著細節表面上色。

▲不是畫線而是將這些細節部分塗滿顏色，一開始將畫筆對準各處邊角貼合後上色，接著往內側塗滿上色。

▲只要塗上底漆，塗料不但既服貼又顯色，就不需要害怕這些色調不同的細節塗裝。

●試試用Vallejo入墨線！

用清洗塗料
入墨線

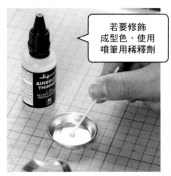

若要修飾
成型色，使用
噴筆用稀釋劑

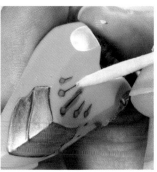

▲Vallejo也有像清洗般可突顯陰影的塗料。將塗料攪拌均勻，洗刷在模型紋路刻

▲不同於琺瑯漆入墨線的塗法是用畫筆刷塗細節處，而是像在細節處畫線般將塗料塗在凹痕上。

▲乾燥前用沾了水的棉花棒就可以擦除乾淨，但是清洗乾燥後就很難清除。這時，若要修飾成型色，可用噴筆用稀釋劑清除乾淨。

▲左側兩處清除後的樣子，清除得相當乾淨。

●白色中最強的白色底漆！

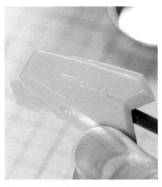

塗至稍微透出成型色即可！！

在這個狀態下等待完全乾燥

▲NEPTUNE的左手盾牌中央為白色。筆塗時白色也是會讓人擔心顯色度的顏色。接著就是要塗出漂亮的白色！這時又到了底漆大展身手的時候。

▲因為是重要的事，所以不厭其煩地提醒。筆塗底漆時薄塗即可！因為表面塗上了底漆，即便透出塑膠模型的成型色，上層塗料可牢牢服貼。

▲接著另一個重點就是要等完全乾燥。Vallejo底漆完全乾燥會呈霧面，所以等完全沒有光澤後再塗上塗料。

▲用這個一般的白色，塗在上過白色底漆的表面。白色給人偏硬的感覺，也很適合用於機械模型的塗裝色調。

改用平筆上色！

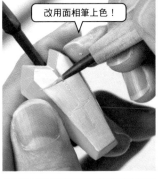

改用面相筆上色！

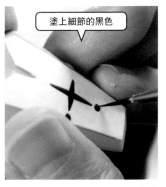

塗上細節的黑色

▲因為是大範圍的直線表面，所以用平筆上色。非纖細筆觸，運筆線條較長。Vallejo是延展性絕佳的塗料，所以可以完整從盾牌的一邊塗至一邊。

▲平筆很容易在起筆觸和收筆處堆積塗料，因此塗至這個程度後就先停止使用平筆，而改用面相筆。

▲用面相筆塗在平筆無法塗好的細節邊角和色調不均處，使塗色平均。像這樣變換畫筆塗色，對於畫出漂亮的塗裝是很重要的手法。

▲白色塗好後塗黑色。請留意避免畫超出邊界，用筆尖塗色。

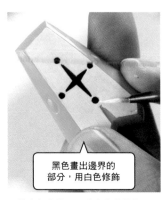

黑色畫出邊界的
部分，用白色修飾

▲若畫超出邊界，待完全乾燥後，只要塗上白色即可，這樣就可完全遮蓋黑色，請大家放心。

▲若白色畫到成型色的藍色，用牙籤消除即可！請小心，倘若力道過大，會因為手滑傷到上色的部分。

▲這些是這次使用的塗料色調。Vallejo即便是鮮豔的色調也有極佳的遮蓋力和顯色度。而且令人開心的是提升Vallejo優秀性能的底漆也有各種顏色。

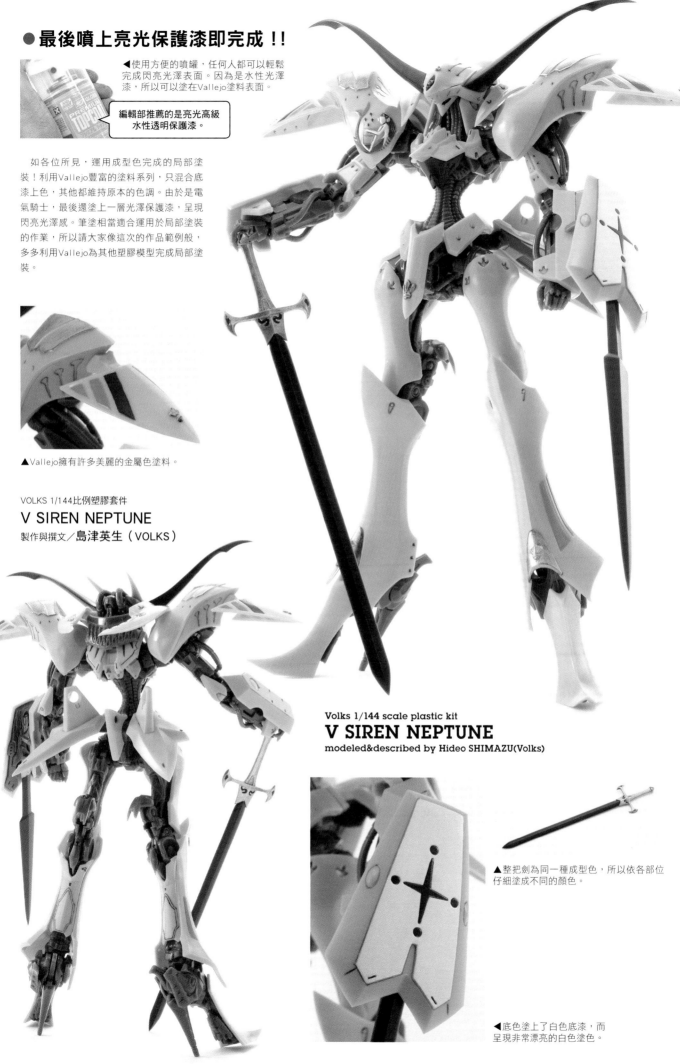

●最後噴上亮光保護漆即完成！！

◀使用方便的噴罐，任何人都可以輕鬆完成閃亮光澤表面。因為是水性光澤漆，所以可以塗在Vallejo塗料表面。

編輯部推薦的是亮光高級水性透明保護漆。

如各位所見，運用成型色完成的局部塗裝！利用Vallejo豐富的塗料系列，只混合底漆上色，其他都維持原本的色調。由於是電氣騎士，最後還塗上一層光澤保護漆，呈現閃亮光澤感。筆塗相當適合運用於局部塗裝的作業，所以請大家像這次的作品範例般，多多利用Vallejo為其他塑膠模型完成局部塗裝。

▲Vallejo擁有許多美麗的金屬色塗料。

VOLKS 1/144比例塑膠套件
V SIREN NEPTUNE
製作與撰文／島津英生（VOLKS）

Volks 1/144 scale plastic kit
V SIREN NEPTUNE
modeled&described by Hideo SHIMAZU(Volks)

▲整把劍為同一種成型色，所以依各部位仔細塗成不同的顏色。

◀底色塗上了白色底漆，而呈現非常漂亮的白色塗色。

有助水性塗料筆塗的好用小物

VOLKS篇

配合Vallejo塗料推出的產品，實現舒適愉快的筆塗時光。

Vallejo是世界級的筆塗塗料產品。VOLKS&造型村品牌也為此推出各種有助於筆塗作業的產品。本篇就從中挑選10樣介紹給大家。

● 銷售嚴問／VOLKS ● 銷售中

造型村面相筆SPECIAL BRUSH ZM05 ●990日圓
連VOLKS許多人員都青睞的高性能畫筆。

造型村面相筆SPECIAL BRUSH使用日本貂毛，柔韌度佳，塗料吸附力也相當優異，筆尖還有良好的聚合力。尤其中細款的「05」畫筆可描繪出細線條和粗線條，廣泛通用，相當方便。木製筆桿也相當好握順手。

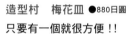

保濕調色盤 ●550日圓
塗料長效保濕！！

這款保濕調色盤適用於包含Vallejo在內的水性壓克力漆塗料，相當便於筆塗作業。保濕性佳的海綿含有水分，搭配上特殊材質的紙調色盤，能適時保持調色盤的濕潤度。利用這個調色盤可以延緩混色塗料的乾燥速度，提升筆塗作業的效率。

造型村 梅花皿 ●880日圓
只要有一個就很方便！！

共有2個，筆塗作業時，除了塗料還可以事先放入溶劑，提升便利性，也很便於調色。由於是陶製品，清潔時也很容易清除塗料。

筆刷架 ●1320日圓
不論作業，還是收納皆適用的筆架。

除了可以將筆立起，還準備了作業中暫時放置畫筆的空間，相當方便，不須擔心作業時畫筆滾動。

造型村紙調色盤 ●220日圓
大小僅一隻手掌，不占作業空間。

共有25張，尺寸為100mm×150mm，不占作業空間，想嘗試Vallejo塗料筆塗時，紙調色盤是不可或缺的用品。

Vallejo底漆 17ml
●418日圓
連底漆都有多種顏色！

Vallejo底漆也可以用筆塗的方式上色。而且有多種顏色可供選擇，可以依照上層顏色選擇底色，這點也很讓人喜愛。

Vallejo噴槍
助流劑200ml
●1430日圓
也可當緩乾劑使用！

噴筆塗裝時，這個助流劑可以延緩塗料乾燥，減少塗料阻塞噴嘴的狀況發生。若要用於筆塗時，在Vallejo塗料滴1～2滴，就可以延緩塗料乾燥，提升延展性，讓筆塗更為流暢。

Vallejo霧面凡尼斯、Vallejo亮光凡尼斯、Vallejo緞面凡尼斯17ml
●各319日圓
還可調節光澤度。

Vallejo塗裝基本上呈消光表面，但是有了這些保護漆塗料，不但可以保護塗層，還可以調整光澤度。霧面產品呈消光表面，亮光產品呈光澤表面，緞面產品呈半光澤表面。

模型用純水200ml ●319日圓
水性塗料所需的純水！！

幾乎不含雜質，也極少發生用自來水稀釋產生的「結塊」狀況。

環保去漆劑 ●1353日圓
善待環境的去漆劑。

可溶解、去除塗料，包括想清除塗裝套件塗層重新上色、重新為市售塗裝成品上色等，適用對象包括塑膠模型、樹脂、金屬製的電鍍層。還可以洗淨作業工具和用品。

全身肌膚的塗裝！！
改變膚色，完成專屬的 FIORE模型！！！

VOLKS VLOCKer's FIORE　塑膠套件
DRACAENA&NEBULA
製作與撰文／FURITSUKU
VOLKS VLOCKer's FIORE DRACAENA & NEBULA
modeled&described by FURITSUKU

這次的重點！！
● 臉部膚色的塗法。
● 只用一種顏色表現肌膚陰影。
● 改成褐色肌膚的塗裝。

用Vallejo筆塗挑戰美少女塑膠模型的膚色塗裝！

以VOLKS原創美少女塑膠模型「VLOCKer's FIORE」為題材，用Vallejo塗料筆塗嘗試挑戰肌膚的全身塗裝。近年每個美少女塑膠模型的膚色成型色都非常漂亮，所以塗裝大多會利用成型色。但是只要學會了膚色塗裝，就可以創造出屬於自己的角色模型。本篇將會介紹基本的膚色塗裝和褐色的肌膚塗裝。

NAVIGATOR
FURITSUKU／這位仁兄不論是遊戲微縮模型塗裝，還是機械或迷你四驅車模型，都有大量的筆塗作品，也非常擅長美少女塑膠模型的筆塗塗裝。膚色的塗裝步驟雖然少，完成度卻極高，希望大家都能借鑒模仿。

●臉部零件的膚色塗裝

一般的膚色塗裝和褐色的塗裝

▲左邊第一張臉是套件原本的顏色。中間3張臉是一般的膚色塗裝。最右邊是挑戰褐色塗裝的膚色。本篇內容將介紹一般膚色的臉部塗裝方法，以及改成褐色肌膚的塗色方法。

套件的臉部零件也做得很漂亮

▲一如照片所示，套件附有眼睛眉毛經過轉寫印刷的臉。此外，為了想塗裝的人，也附上光滑臉部零件和水貼。

這是用於塗裝的臉部零件

▲這是為了塗裝的人附上的光滑臉部零件。

先噴上白色補土

▲為了提升肌膚顯色度，塗上白色水性補土，讓Vallejo塗料更服貼。

使用FIORE專用的膚色！

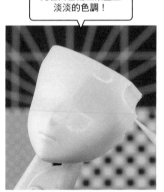

▲使用的膚色為FIORE Vallejo PRIMULA膚色。將塗料擠在調色盤後，用較大的平筆沾取。

先在白色補土染塗上淡淡的色調！

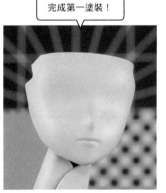

▲快速在臉上刷上膚色！請將塗料調得比較稀之後，在白色補土染色薄塗淡淡的色調即可。

完成第一塗裝！

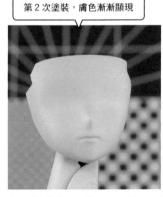

▲大的平筆可以平均上色。整體都染色薄塗上色後，讓塗料完全乾燥。

第2次塗裝，膚色漸漸顯現

▲如第1次塗裝，染塗上色後等待完全乾燥。

第3次塗裝至完全上色！

▲用相同的方法第3次上色。完全乾燥後，用平筆染色薄塗。用這個方法完成基本塗裝。

用筆塗呈現的光滑感！！

▲Vallejo塗料延展性佳，搭配平筆的一次上色，最適合像這樣為肌膚染色的塗裝！！

貼上水貼後噴上保護漆

▲肌膚的基本塗裝完成後，貼上眼睛等的水貼（會在褐色膚色介紹貼法）。貼上水貼後，噴塗上消光漆，保護水貼和塗裝。

● 只需用 1 種顏色為肌膚上妝

> 使用田宮舊化專用粉彩盒G套組

▲田宮舊化專用粉彩盒G套組最適合用於美少女塑膠模型的妝容。尤其推薦大家這個套組中的「栗色」，使用範圍廣泛。

> 用畫筆沾取栗色

▲化妝時建議使用筆尖為圓形的畫筆，用畫筆沾取栗色。

> 表現臉部側面的陰影

▲臉的側面陰影是塗色面積較多的地方，所以先塗這個部分。

> 在眼頭和法令紋下方塗上栗色

▲用栗色塗上陰影，漸漸呈現出立體感。

> 畫好後，先停筆確認

◀陰影色塗好後，先拿遠一點確認整張臉。在這個階段修正不自然的地方。修正方法也很簡單。

▶舊化專用粉彩可以用沾水的棉花棒擦除。用棉花棒擦除抹到眼睛裡的栗色。

> 多利用棉花棒修飾！

> 肌膚塗裝完成！！！

◀栗色修正完成後，塗裝即完成。用平筆染塗，用田宮舊化專用粉彩盒上妝。經過這2個步驟就可以完成可愛的美少女塑膠模型的肌膚塗裝。

● 挑戰塗成褐色肌膚

> 這次從成型色開始上色

▲接著將介紹將膚色畫成褐色的方法。這次的成型色膚色很適合當成褐色肌膚的底色，所以直接上色。為了提升塗料的服貼度，也可以先用800號的砂紙打磨或噴上消光漆。

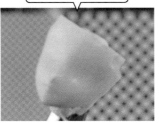

> 和剛才一樣先薄塗

▲使用的顏色為FIORE Vallejo PRIMULA棕膚色（褐色）。塗法和一般膚色的塗裝相同。

> 要領是薄塗至隱約透出成型色

▲第1次塗裝完成的樣子。最好像這樣透出一點點成型色。

> 重疊塗2次、3次

▲完全乾燥後再重疊塗上第2次、第3次，讓色調更明顯。

> 褐色膚色完成！！

▲用淡淡的塗料染塗，臉部凸出部分自然呈現較淡的色調，而產生漸層的色調效果。

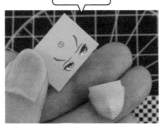

> 貼上水貼

▲貼上水貼時，像這樣將想貼的表情剪成塊狀。

> 剪下貼紙的一邊後，完全浸在水中。

▲將剪下的貼紙浸在水中後，放在紙巾上吸去多餘水分。

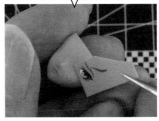

> 分別將兩邊的底紙放在臉部表面，確認表情。

▲分別將貼紙放在臉部表面確認位置，確認表情位置後貼上。

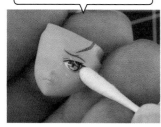

> 請使用材質較佳的細棉花棒

▲希望臉部更顯精緻。為了漂亮貼上眼睛水貼，請使用不易起毛絮的細棉花棒。建議使用嬰幼兒專用的棉花棒。

> 貼好後確認表情位置

▲貼上水貼後，確認位置。或許是褐色的關係，清漆部分較為顯眼，請用保護漆來修飾。

> 先噴上亮光漆！

▲若在意貼紙與表面的些微落差和清漆的亮光，請分別噴塗透明漆。先噴塗亮光漆，讓整個表面光亮平滑。建議使用高級水性透明保護漆。

> 接著再噴上消光漆

▲只要在光亮平滑的表面噴上消光漆即完成。水貼的清漆也不再顯眼，和臉部更加貼合。

褐色膚色妝容也可以用栗色！！

▲田宮舊化專用粉彩盒G套組的栗色方便好用得讓人讚嘆不已。連褐色肌膚的妝容都適用。

塗在臉的側面、法令紋下方、眼周。

▲將栗色塗在和一般膚色相同的地方。

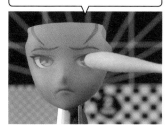

用沾濕的棉花棒擦去多餘的栗色

▲請用沾濕的棉花棒調整修飾。

完成可愛的褐色臉！

▲即便顏色不同，基本塗法皆同！！因此只要學會這個塗法，就可以畫出各種可愛的膚色塗裝。

● 身體的褐色塗裝

容易塗上塗料！

▲配合臉部，身體也塗上褐色。身體也直接在成型色上塗色。為了讓塗料更服貼，先用600號的砂紙打磨並組裝好腳。

先用淡淡的塗料上色

▲大約重複塗3次，塗至色調顯現的濃度。

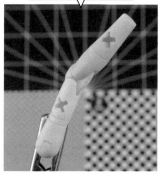

身體關節部分請小心避免厚塗

▲身體有可動部分和細節等地方，請小心這些部分的塗色。

身體也是塗3次即完成

▲身體和臉部一樣都是塗3次顏色即完成。之後進入可動部分的塗裝。

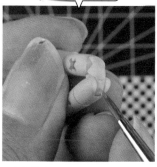

彎曲關節塗色

▲在這樣的組裝狀態下，只用筆塗在外顯部分即可。以描繪鋸齒狀線條持續上色。可動部分在活動時會有部分區塊顯露，請不要忘了在這些地方上色。

和成型色相比

▲和成型色比較，竟有如此不同的顏色差異！！改色真的是很有趣。

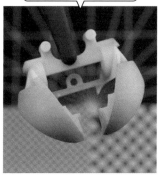

身體的陰影也用栗色

▲臀部和大腿等處的陰影色，使用田宮舊化專用粉彩盒G套組的栗色上色。身體也塗上陰影色，更能提升整體質感。

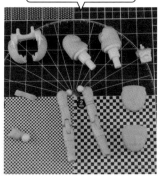

整體塗上消光保護漆

▲身體配合臉部都塗上褐色。這些也都是在成型色上塗色。為了讓塗料更服貼，先用600號的砂紙打磨並組裝好腳。

● 運用成型色描繪出美麗秀髮

要如何在頭髮入墨線……

▲頭髮運用成型色，雖然要入墨線，但是不使用黑色或灰色，建議使用和髮色同色系的暗色系。

用消光保護漆形成消光表面

▲噴上消光漆以便入墨線塗料更加服貼。

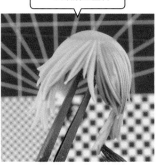

一口氣刷上塗料

▲在CITADEL COLOUR陰影漆的杜魯齊紫添加緩乾劑，就可以塗上淡淡的陰影，非常適合原本的髮色。

使用和頭髮相同的色系完成自然的陰影色

▲像這樣使用和髮色同色系的暗色入墨線，就會呈現自然塗裝！

FINISHED

VOLKS VLOCKer's FIORE DRACAENA & NEBULA

不須擔心重疊上色。
用這種塗法完成可愛的
美少女塑膠模型塗裝！

塗3次淡淡的塗料（幾乎快稀釋如水），就會呈現如噴筆般漂亮的
塗裝表面。尤其Vallejo塗料延展性和顯色度都很優秀，所以相當適合
這種塗法！

如作品範例只針對膚色改色，其他部分都運用了成型色相當輕鬆，
我覺得很適合用於美少女塑膠模型的塗裝。請大家都模仿看看！

▲▶利用在髮色加入同色系
的陰影色，就可以讓原本紋
路明顯的髮絲更加立體，呈
現漂亮的外觀！！

◀DRACAENA膚色以外的成
型色也相當漂亮，所以輕輕
用海綿砂紙打磨後，噴上消
光漆就完成了成型色修飾，
呈現相當好看的色調質感。

▲各處的金屬色塗裝當作點
綴。建議使用Vallejo的銀
色，相當漂亮。

性感美女微縮模型塗裝
也交給Vallejo！！

試試為VOLKS推出的高品質樹脂人物模型上色！！

VOLKS也銷售許多外國廠商的樹脂微縮模型，讓大家更能體驗Vallejo塗裝的樂趣。其中來自紐西蘭的LIMBO DIVISION 209女孩有許多結合機器人和性感造型的可愛微縮模型。這次我們請代表日本微縮模型塗裝師之一的Pla_Shiba，挑戰如此性感酷帥的微縮女郎模型，為各位獻上光澤水潤肌膚塗裝、貼身內搭衣物的表現等各種性感塗裝的技巧！！

這次的重點！！
● 性感肌膚的塗裝。
● 性感的內搭衣物塗裝。
● 盔甲的光澤感表現。

LIMBO DIVISION 209
CLAUDIA CAESAR（75mm）
製作與撰文／Pla_Shiba

LIMBO DIVISION 209
CLAUDIA CAESAR(75mm)
modeled&described by PURASHIBA

NAVIGATOR
Pla_Shiba／居住在關東的微縮模型師，可描繪出令人驚豔的精緻塗裝和美麗漸層。他還是一位會製作角色人物套件和比例模型套件的多方位創作者。

> 噴上Vallejo的灰色底漆

> 裝水的容器請選擇穩定的瓶罐

> 因為要混色，需準備保濕調色盤。

▲為了方便上色，將身體和右手組合。左手和黃銅棒及石突（附在槍末端的零件）組合，將頭、左手和槍頭塗色後再組合。

▲100日圓商店有販售大的玻璃容器夠沉重，可穩定擺放，很適合洗筆時的需求。

▲Pla_Shiba經常將塗料混色或稀釋後再上色，因此為了長時間使用塗料，通常會使用保濕調色盤。

● 塗裝準備！！

> 搖勻Vallejo塗料！！

> 只在保濕調色盤擠出需要的用量

> 用水稀釋並仔細混勻

▲將塗料攪拌均勻是基本中的基本！攪拌均勻，在手掌上敲打，充分混勻。

▲Vallejo塗料包裝如眼藥水，所以很容易擠出塗料。

▲Pla_Shiba的塗裝準備特色是，將水和塗料仔細混合。似乎越融合塗料越滑順。

● 畫出好氣色膚質！！

> 先塗肌膚的血色！！

> 用淡淡的塗料分多次上色

> 濃度大約是可透出底色的灰色

▲塗上Vallejo的陳舊玫瑰色！照片中已是塗好的樣子。這時已呈現相當明顯的紅色調。

▲若塗上太厚的塗料，也會損壞細節。大概分3次塗上稀釋後的塗料。

▲如照片所示，塗色濃度大約是塗1次時仍會隱約透出灰色底色。

> 接著是鮭魚玫瑰色

> 主要塗在臉部隆起處

> 在臀部上色！

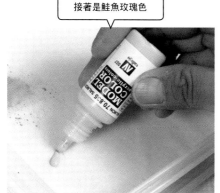

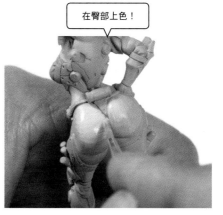

▲這次使用和膚色更相近的鮭魚玫瑰色。用水淡淡稀釋。

▲用鮭魚玫瑰色塗在額頭、臉頰、鼻子和鼻子下方等處。

▲從腰部塗至翹臀部位。先保留淡淡的紅色調就可呈現性感的臀部。

混合陳舊玫瑰色和鮭魚玫瑰色！

用比鮭魚玫瑰色稍暗的膚色描繪出柔和的陰影色

還有臉部凹處

塗大腿和側腹

▲開始塗中央部位。這個膚色是主要的色調，在上面重疊塗上更明亮的膚色。請在肌膚邊緣保留紅色調。

▲畫出自然漸層色調的訣竅是塗上混合前一個步驟的顏色。剛塗上鮭魚玫瑰色的前一個色調是陳舊玫瑰色，將這兩種顏色混合。

▲混合成鮭魚玫瑰色和陳舊玫瑰色的中間色調，而形成了柔和的陰影色。將這個顏色塗在臀部的邊緣，就會讓臀部顯得更加立體。

▲臉的部分，請塗在鼻翼兩側凹處和眼皮下方等處。至此肌膚的塗裝完成。

接著是眼睛上色！

筆尖聚合後，對準眼睛上色！

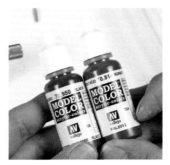

▲先描繪眼白。使用象牙色，因為是帶有黃色調的白色，很適合膚色。

▲與其說是塗，倒不如說是將筆尖的塗料滴入。將畫筆點在眼睛內側。

▲塗上紅棕色和黑色的混合色調。

▲兩種顏色混合後，加水稀釋調淡。

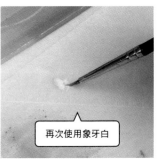
再次使用象牙白

▲用畫筆沾取後，先在紙巾上輕點一下。

▲用筆尖對準，要盡量避免畫超出邊界。

▲嘴巴的陰影也用這個顏色上色。

▲用象牙白再次調整眼白。

▲調整眼白時請保留眼睛的輪廓線避免消失。

▲眼睛塗上藍綠色。

▲用筆尖點在眼睛塗上顏色。

▲下唇塗上胭脂紅色。上唇先塗上剛才的紅棕色＋黑色。

接著為頭髮上色！

▲請在下唇塗胭脂紅色。

▲接著塗粉紅色，感覺就像在塗口紅。

▲下唇澎起的部位請塗上粉紅色。

▲頭髮的塗裝使用淺橘色、機身紅色和淺膚色。

▲先塗上頭髮的主色調機身紅色，請稀釋薄塗上色。

讓塗料流至模型刻線深處
▲頭髮有明顯凹凸紋路，所以請讓塗料流至細節深處。

▲淺橘色最適合用來當金色打亮。

▲突出的頭髮部分塗上淺橘色。

▲另外，在各髮束突起的頂點塗上淺膚色，畫出打亮位置，頭髮即完成。

●利用塗裝描繪內搭衣物的貼身感！

▲這個角色裡面穿著彈性極佳的貼身內搭。接下來要挑戰在塗裝表現貼身感和微透感！

▲這裡使用的顏色也可以當打底色調。從左起分別是偏褐玫瑰色、騎兵褐色和機身紅色。

▲除了象牙白，為了表現微透感，還使用了稀釋後用於噴筆塗色的Vallejo模型噴塗色彩（火紅色和淺紫棕色）。

▲先塗滿機身紅色。

▲接著在胸部上方和腹肌隆起各處塗上騎兵褐色。

▲用偏褐玫瑰色描繪打亮。

▲突出部分塗上偏褐玫瑰色，並於陰影處塗上薄薄的淺紫色。再依喜好塗上火紅色。

▲在衣服因緊貼呈現光澤感的地方點上象牙白。

●開始為裝甲上色！

▲接著要用剛才的Vallejo模型噴塗色彩，和這4種顏色來塗裝甲。由左起分別是淺膚色、粉紅色、胭脂紅色和焚火紅色。

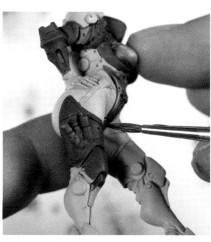
▲先塗滿焚火紅色。

▲接著在機甲中央塗上胭脂紅色。

▲用Vallejo模型噴塗色彩火紅色，再次染色薄塗表面的中央部分。

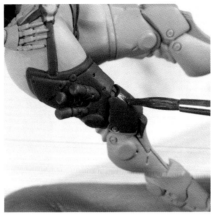

▲以染色的感覺上色，稀薄的Vallejo模型噴塗色彩會呈現巧妙的漸層效果。

在稜線部分打亮。

▲在機甲打亮處使用粉紅色。

▲連結機甲的繩帶，除了稜線處，在拉緊的頂點也塗上類似肌肉的打亮，會使塗裝更帥氣。

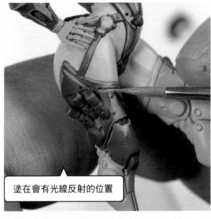

塗在會有光線反射的位置

▲接著在機甲會反光的部位塗上粉紅色，就可以表現出有光澤感的樣子。

調整打亮

▲剛剛染塗在盔甲的火紅色也扮演打亮調整的功能。打亮過度的地方，塗上這個塗料，就會染回原本的樣子。

▲粉紅色打亮完成後，用象牙白塗在最亮的打亮處。

▲頭盔頂點和稜線是最佳打亮位置。

▲稍微塗在盔甲的邊緣，就成了模型的點綴色調。

▲黑色是很強烈的顏色，所以不使用漆黑的黑色，而是塗上70950黑色這個近似灰色的黑色。

▲第2次上色塗上裝甲王牌暗鐵鏽色。

▲稜線打亮使用白灰色會呈現太突兀的漸層，所以第3次上色使用鐵鏽色和白灰色的混色。

FINISHED

LINBO DIVISION 209 CLAUDIA CAESAR(75mm)

▲為了呈現由內往外發出藍光的效果,將亮色調如流入模型刻線般塗色。在淺藍色的周圍如沾濕般薄塗上淡淡的淺綠松色,並待其乾燥,一邊確認色調,一邊反覆疊色。將發光處描繪成最亮的部位,宛如要沾染到周邊和裝甲般的樣子,看起來就具有光線擴散和反射的效果。

▶頭髮和臉的對比明顯,宛如繪畫一般。盔甲並沒有使用金屬色卻演繹出光澤感。

▲使用3種膚色表現出意想不到的性感膚色。塗裝將微縮模型的造型優勢完全展現。

▲內搭衣物的微透感也拿捏得恰到好處,強調出豐滿胸線。

用Vallejo塗料體驗
微縮模型的塗裝樂趣。

Vallejo從鮮豔色調到暗色調一應俱全,色號豐富多樣。以這次作品範例為例,各處得以呈現豐富的漸層變化都因為Vallejo的多種色號。像作品範例般,購買想描繪的微縮模型,只要備齊自己想塗上的主色調和幾種相近色調,我想就可以試著挑戰用筆塗完成漸層塗裝!!

來自英國的絕佳塗料。
大家一起來體驗好用無比的塗料！！！

　　水性塗料「CITADEL COLOUR」來自英國，近年來大受注目，帶給日本塗料廠商很大的衝擊。雖然是在市面行之有年的塗料，但是多用於和塑膠模型界僅一線之隔的微縮戰棋遊戲，較少用於塑膠模型。

　　但在模型玩家開始使用之後，對於塗料的好用順手驚為天人，而引起一陣旋風！！！現在開始銷售於各大模型量販店，大家也可以在各處購得。CITADEL COLOUR只用水就可以完全應對各種情況，是相當好用的塗料。不僅如此，遮蓋力和顯色度也非常優異，是擁有超高性能的水性塗料。接下來我們將為大家完整介紹CITADEL COLOUR的魅力。

PART.4

CITADEL COLOUR by GAMES WORKSHOP

Citadel Colour by Games Workshop

高性能＋完善塗色系統
創造出令人著迷的
塗裝世界！！！

●銷售廠商／GAMES WORKSHOP●600日圓～

可讓許多人體驗
精細模型塗裝的樂趣，
性能超高的水性塗料
「CITADEL COLOUR」！

這是由英國微縮戰棋遊戲廠商「GAMES WORKSHOP」銷售的水性塗料。幾乎沒有味道，僅用水就可以稀釋塗料、洗淨畫筆。另一個特色就是擁有高遮蓋力和絕佳的延展性。

官方網站上強調的「CITADEL COLOUR系統」是一種極度方便的顏色系統，只要依照圖表用色，就可輕鬆完成有立體感的塗裝。總之每種顏色都有相應的功能，本篇將說明各種顏色的用法和塗裝準備。

● CITADEL COLOUR的分工明確！
只要知道用法就能快樂筆塗！！

CITADEL COLOUR的塗料瓶裝除了有色號名稱外，還標示了BASE（底漆）、LAYER（疊色漆）、SHADE（陰影漆）等字樣。每種塗料都有相應的用途和特性，請大家要多多熟悉了解！！

> 最強遮蓋力和絕佳顯色度！！

> 塗料具穿透性，可畫出絕美漸層！

底漆

▲底漆一如其名，就是CITADEL COLOUR的基礎，當成底色使用的顏色。遮蓋力和顯色度佳，備有多種暗色調，是最容易使用的種類，除了微縮模型，也很適合用於各種模型領域的局部色調點綴，其標誌為紅色標籤。

疊色漆

▲疊色漆是有穿透性的塗料，主要塗在底漆表面，呈現出運用底漆的塗裝。這個種類擁有比底漆多的亮色調，用於微縮模型塗裝的打亮和漸層，塗料瓶的標籤為藍色。

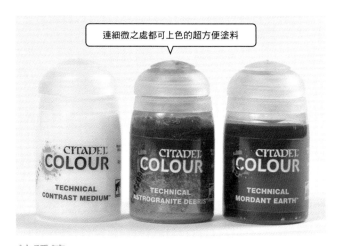

入墨線和表現陰影的特殊系列

陰影漆

▲和其他種類相比色調較淡,流動性較高,可用於入墨線等細節陰影的加強。塗上這款塗料,筆觸就會變得不顯眼,標籤為綠色。

乾刷用的半濕型塗料

乾刷漆

▲專門用於乾刷技法的塗料,和其他種類相比濃度較高,瓶中的塗料呈現果凍膠狀。相較於疊色漆擁有較多的亮色調,非常適合塗在模型突起部分打亮,標籤為淡茶色。

利用罩染快速上色

對比漆

▲讓陰影更色彩繽紛的塗料,沿著套件形狀的突出部分塗色會呈現淡色調,凹陷部分則會呈現深色調,是一種會自動呈現漸層效果的塗料。不需稀釋使用,或混合專用的「對比漆稀釋劑」使用。塗料的瓶身較高,並且印有CONTRAST的標誌。

連細微之處都可上色的超方便塗料

特種漆

▲塗料包括可以滑順稀釋CITADEL COLOUR塗料的緩乾劑,也有僅塗色就可以形成底板材質的類型。特種漆一如其名,可以達到其他塗料無法形成的特殊效果。

●CITADEL COLOUR的塗裝準備!! CITADEL COLOUR的塗裝準備超簡單!!5個步驟即完成。

先用力搖勻!!!

▲在CITADEL COLOUR塗料蓋緊的狀態下用力搖晃攪拌。若打開蓋子用攪拌棒攪拌,塗料會和空氣產生反應而變乾,還請小心。

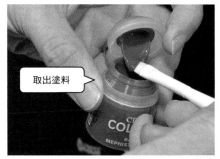

取出塗料

▲蓋子打開後,瓶蓋內會有一個蓋勺,用畫筆從這裡沾取顏料使用。

放在調色盤

▲直接將塗料放在調色盤上。

將畫筆吸附水分

◀將畫筆吸附少量水分。像圖示般會形成小小的波紋即可。

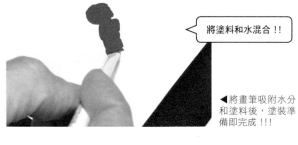

將塗料和水混合!!

◀將畫筆吸附水分和塗料後,塗裝準備即完成!!!

解決CITADEL COLOUR塗裝的困擾！
最強免費應用程式
「CITADEL COLOUR APP」

手機下載CITADEL教學書！

GAMES WORKSHOP為了讓微縮模型塗裝更加普及，發行了免費應用程式「CITADEL COLOUR APP」。內容非常豐富，讓人不禁懷疑：「這真的是免費應用程式？」只要下載應用程式，就可以在影片中看到塗料搜尋、漸層圖示和基本塗法。現在就趕快下載吧！！！

下載方法 ▷ 在iPhone、Android的應用程式搜尋輸入「CITADEL COLOUR」搜尋即可免費下載。

● 選色不再困惑！！

使用CITADEL COLOUR系列色彩，向大家介紹想塗的顏色。除了是CITADEL COLOUR選項目錄，也是塗色指南書。

▲在CITADEL COLOUR塗料蓋緊的狀態下用力搖晃攪拌，塗料會和空氣產生反應而變乾，還請小心。若打開蓋子用攪拌棒攪拌，塗料會和空氣產生反應而變乾，還請小心。

點選「從色彩選擇」

CITADEL COLOUR

カラーで選ぶ
どのカラーも、いくつかのステップで構成されたガイドに従ってペイント

シタデルカラー・システム
シタデルカラーを使うのは初めて？だったら、アーミーをバトル・レディ・イン・ノー・タイムで完成させる方法を学ぼう！

ベーシング
君のアーミーが踏みしめる戦場を仕上げよう。

▶

⟨ 戻る　　カラーの選択　　📷

最近選んだカラー

カテゴリー

	レッド
	ピンク
	オレンジ
	イエロー
	グリーン
	ターコイズ
	ブルー
	パープル

選擇色彩選項目錄

▲會出現「紅色」、「粉色」、「橘黃色」等色彩類別。

▶

⟨ 戻る　　シェイドって何？

　　　　クラシック　コントラスト

バーガンディ			🔖
スカーレット			🔖
ダークレッド			🔖
レッド			🔖
ブラッドレッド			🔖
クラレット			🔖
クリムゾン			🔖
地獄めいた赤			

從類別中的各種顏色挑選你想塗的顏色！

▲例如選擇紅色，就會出現各種紅色。點選色彩名或顏色圖示，就會顯示使用色調和塗色順序。依照指示塗色，就可以完成近似應用程式顯現的圖像。

● 想知道微縮模型塗裝的顏色！！

當自己購買了戰鎚世界微縮模型，想知道其中的顏色時，這是相當方便的功能。

從微縮模型選擇

選擇想塗裝的微縮模型

捲動畫面，可以看到使用的塗料和塗色順序！！！

▲點選這裡就會顯示許多微縮模型。

▲選擇微縮模型，畫面除了會放大顯示微縮模型，還會顯示這款微縮模型的主要塗色。

▲捲動畫面就會顯示所有顏色的塗法，超詳細。

● 想了解CITADEL COLOUR系統！

CITADEL COLOUR發行CITADEL COLOUR系統，是為了讓許多人完成帥氣的塗裝，當中依照每種色調，清楚說明了使用塗料的順序。

▶如此就可以詳細看到CITADEL COLOUR長年累積的塗裝技術。

點選此處

取得經年累月的CITADEL COLOUR系統！！

● 還可以創作底板！！

CITADEL COLOUR還有只要塗色就可呈現底板材質的塗料，應用程式中也有詳細的塗料使用範例。

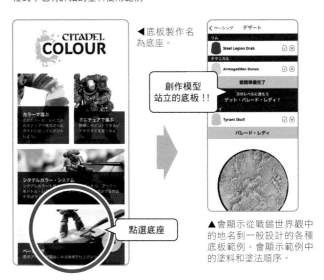

◀底板製作名為底座。

創作模型站立的底板！！

點選底座

▲會顯示從戰鎚世界觀中的地名到一般設計的各種底板範例。會顯示範例中的塗料和塗法順序。

● 利用影片教學獲得進階知識！！

建議指南就是影片的核心內容。可以觀看到塗料的混合方法、畫筆種類的介紹等基本到塗裝技巧。

前往影片教學！

從基礎到應用

▲可在影片詳細觀看CITADEL COLOUR的種類、基本塗法到運用。

▲點選就會顯示影片類型。

▶基本影片大約彙整在1分鐘左右，也可以跳著觀賞，請多多觀看，學習基本技巧。

可輕鬆觀看彙整各個要點的短影片！！

● 還可以管理購買的塗料！！

想要購買塗料，突然不確定自己是否已經有這個塗料，就可以用這個應用程式中的塗料管理，先將自己擁有的塗料打勾標註。

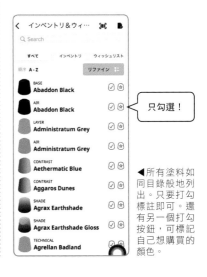

只勾選！

▲所有塗料如同目錄般地列出。只要打勾標註即可。還有另一個打勾按鈕，可標記自己想購買的顏色。

一起來體驗CITADEL COLOUR的樂趣！！！

有趣好塗的CITADEL COLOUR！

若你覺得CITADEL COLOUR系統或塗料種類，好像要記得很多東西……。
那請先認識「CITADEL COLOUR可以做到的事，只要大約20分鐘就可以完成帥氣的微縮模型塗裝」，歡迎來到CITADEL COLOUR開心筆塗的世界！！

NAVIGATOR
GAMES WORKSHOP人員／
GAMES WORKSHOP的直營店「戰鎚世界專賣店」除了銷售商品之外，還提供各種支援，協助剛進入戰鎚世界的玩家和微縮模型塗裝。當然大家也可以從本篇介紹學習塗裝。店內活動豐富，歡迎大家前往參觀。

● 底漆擁有最佳顯色度和遮蓋力！！

前面介紹的底漆，顯色度和遮蓋力完全高於其他塗料一個層次。請大家先從這款底漆體驗CITADEL COLOUR塗料的好用之處！！

這是紅色……

◀這是CITADEL COLOUR的經典紅色，莫菲斯頓紅。

塗在黑色底色依舊顯色鮮豔！！

▶可以呈現如此鮮豔的紅色調，甚至是塗在黑色底色表面的樣子。

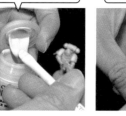

一定要選購的白色底漆！！

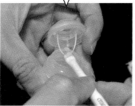

可以在白色加入緩乾劑

塗在黑色底色同樣顯色清晰！！

▲白色底漆的代表性顏色，寇瑞斯白。

▲在白色底漆加入極少量的緩乾劑，就會變得相當滑順，推薦給大家。

▲白色竟如此顯色！只要大家體驗過一次如此好塗的塗料，就會深陷於CITADEL COLOUR的魅力。

● 銀色單色塗裝就有如此效果的CITADEL COLOUR塗料！！

接下來就要嘗試描繪出銀色帥氣的戰鎚世界微縮模型。當中還集結了底漆塗裝、陰影漆、乾刷漆等CITADEL COLOUR塗裝的基本塗法。而且今天大家就可以試著動手模仿，現在就開始！！

閃閃發亮！！！

▶在黑色底色塗上銀色，充滿厚重感，閃耀美麗光輝！！！

CITADEL COLOUR的金屬色超級漂亮～

連深處塗裝也能順利上色！！！

▲先塗上銀色，使用底漆的鉛銀。

◀塗料延展性極佳，連深處也漸漸上色。

兩分鐘完成的銀色單色塗裝！！

▶瞬間全身塗上銀色。塗料的延展性佳，遮蓋力強，即便筆觸不一也不太會產生筆痕。

CITADEL® COLOUR

● 魔法塗料「陰影漆」是CITADEL COLOUR的精妙所在！！

CITADEL COLOUR中「陰影漆」是為了塗出陰影色的塗料，也可以用這款塗料入墨線或呈現濾鏡效果。只要一塗上陰影漆，氣氛為之一變，希望大家試用看看。

▼陰影漆乾燥後，塗過的地方會呈消光表面。因此筆觸會變得不顯眼，若使用銀色等金屬色調就會呈現出厚重感。

銀色和努恩油黑為最佳搭配！！

▲將黑色系陰影漆「努恩油黑」用力搖勻後使用。

打開瓶蓋後，蓋勻會有塗料。

▲用畫筆沾取積在瓶蓋蓋勺的努恩油黑，濃度非常稀薄。

將塗料移至調色盤

▲一如所示，塗料濃度稀薄。只要將其塗在微縮模型就會呈現不一樣的變化。

乾燥後形成霧面表面，會呈現這樣的厚重感！！！

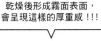

讓模型刻線更明顯！！

▲在頭部、上半身塗上努恩油黑。在模型刻線入墨線，在表面形成淡淡的黑色濾鏡效果，色調變得沉穩帥氣。

請將陰影漆完全延展開來

▲陰影漆的塗料若有堆積，乾燥後會產生龜裂。請用畫筆將塗料塗開延展。

● 用乾刷專用塗料，可以用畫筆輕鬆完成漸層塗裝！！！

乾刷專用塗料！！

▲塗料可調亮色調，用乾刷技法可描繪出打亮效果。

屬於半濕型塗料

▲打開瓶蓋，瓶中的塗料猶如布丁Q彈。

用畫筆直接沾取

▲用筆尖直接按壓塗料。

◀用乾刷技巧添加的打亮呈現極佳效果！！！僅有這些少量步驟，就可以完成1件微縮模型的塗裝！！！

用筆尖刷過細節處！！

▲將沾有塗料的畫筆輕輕用紙巾擦拭，再乾刷於模型表面。因為乾刷漆的明亮銀色，各處細節變得更為顯眼。

完成！！！

CITADEL COLOUR的延展性佳、遮蓋力強，讓人用過就會愛上。若用底漆完成基本塗裝，就可完全了解塗料的性能。另外，再用魔法塗料陰影漆，只要一塗上就會提升模型的精緻度，變得更為帥氣。最後介紹的無限乾刷漆，用少量的塗料就可以完成相當大面積的乾刷效果！！！即便只學會底漆、陰影漆、乾刷漆的塗法，今天就可以體驗到CITADEL COLOUR的樂趣！！

透過乾刷表現CITADEL COLOUR的精妙之處！！輕鬆塗成風格獨特的塑膠模型。

「乾刷技巧」可完全發揮出CITADEL COLOUR無與倫比的延展性和顯色度。對於第一次接觸的人，希望一定要試試這個技法，體驗塗裝的玩樂性。CITADEL COLOUR的乾刷漆經常被人戲稱為「無限乾刷漆」，但這絕非玩笑，畫筆中的塗料真的可以長時間用於塗裝作業現在就請GAMES WORKSHOP教我們快速、簡單又帥氣的塗法！

paint／GAMES WORKSHOP人員

▲請將微縮模型像這樣用膠帶固定在紙板上，或固定在有噴塗夾的木棒上噴塗。不要一次塗色，而要分多次噴塗，從各個角度噴塗上色，才可以確保整體都已上色，尤其天氣晴朗時最適合這樣作業！！

CITADEL COLOUR的底漆噴罐相當方便！

◀CITADEL COLOUR雖然因為筆塗而受到注目，但是也有噴罐產品。底漆噴罐可以一口氣塗上當做基本色的底漆。這次就用這個產品加上筆塗。當面對大量微縮模型塗裝時，這個產品真是絕佳的好幫手。

馬克拉格藍噴罐漆
●銷售廠商／GAMES WORKSHOP ●2500日圓，銷售中 ●400ml

快速塗裝開始！快速塗上陰影漆！！

連續塗上陰影漆！！

▲一下子塗上陰影漆。這個陰影漆塗裝是這次塗色時最花時間的部分。用雛龍城黑夜塗上稀薄的陰影色。

塗好的微縮模型整齊排列，賞心悅目！！

▲塗好一個後，就拿起旁邊的微縮模型塗上陰影漆，如此接連上色。

小心處理多餘的陰影漆！！！

▲希望大家上陰影漆要注意的是，要將堆積在細節的多餘塗料延展推開，若讓這些塗料乾燥，會產生龜裂影響外觀。

1'2分37秒
完成陰影漆塗裝！！

▲整體陰影漆乾了之後，讓其完全乾燥。這時使用吹風機。使用吹風機時，請用「冷風」並且保持30cm的距離。使用時機為「塗料乾了之後」。如果塗好馬上用吹風機吹，會使陰影漆擴散，產生白白的龜裂痕跡。請讓陰影漆完全乾燥。

大家都可以做到！！使用乾刷漆的快速漸層塗裝！

包含完全乾燥共
16分鐘。

▲陰影漆乾燥後就會呈現細節分明的外觀，整體變得更加有型。

▲陰影漆完成後，用和底漆噴罐相同的馬克拉格藍做第一次的乾刷。即便使用相同色調，微縮模型因為陰影漆色調變暗，經過乾刷後就會呈現自然的漸層。

轉動畫筆！！！

▲沾取塗料後在紙巾上轉動畫筆，擦除塗料。利用轉動，可均勻擦拭畫筆的塗料。最好在紙巾擦拭至幾乎沒有塗料。

▲以細節突出部分為中心，用畫筆刷過，大家應該可以看出細節部分漸漸變得明亮。

4分2秒
完成乾刷塗裝！

▲第1階段的乾刷結束，已經變得很不一樣，讓我們繼續乾刷！

在畫筆上直接混合塗料！？

▲接著使用泰克里斯藍，請注意畫筆，還保有剛剛殘留的馬克拉格藍。難道要直接使用？在畫筆上混合塗料，漸層色調變化不會過於明顯，可以呈現自然的乾刷效果。

▲這裡也要轉動畫筆擦去多餘塗料，這時畫筆中的塗料會慢慢混合。

▲像剛才一樣針對零件稜線和細節部分乾刷上色。

▲戰鎚世界微縮模型細節一下子浮現出來，質感絕佳。

完成第2階段的乾刷塗裝！
時間為4分53秒！

▲第2階段的乾刷結束，瞬間完成，大約10分鐘就完成了藍色漸層。

塗裝至此，接下來輪到每個模型的細節塗裝。1個大概要多久完成呢？

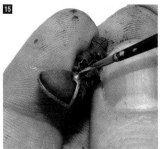

▲用復仇者盔甲金分別塗在肩膀和胸前的紋章。

▲金色部分用亞格瑞克斯大地入墨線。

▲接著紅色部分用莫菲斯頓紅上色。

▲銀色部分用鉛銀上色。

▲黑色部分用艾班頓黑上色。

塗裝至此15分鐘！

▲純潔印記的部分用桑德利沙塵黃上色。

接著又輪到乾刷上場！細節乾刷。

▲接著是臉部，在黑色底漆表面塗上柏格曼褐。用畫筆點塗，塗上比乾刷多一點的塗料。避免塗滿整個臉部，因為是要讓臉部凹陷部分產生陰影。

▲基本色調完成後，用瑞克蘭膚塗上陰影。為了避免塗料堆積，要將塗料推展開來。在眼周、嘴巴塗上陰影漆，細節變得分明，筆觸也不明顯。

▲陰影漆乾了後，用柏格曼褐乾刷，會使突出部分變得明亮，臉部瞬間顯現。

▲第2階段的乾刷使用神靈族膚，只用乾刷就可以讓臉部呈現如此質感。

▲鬍子使用機械神教標準灰，裝備使用艾班頓黑，塗成不同的顏色。

▲和鬍子塗裝的要領相同，在剛才上色的細節處乾刷亮一階的顏色。經過打亮後，呈現出色調對比。

一個小時可以完成一個塗裝！
一天可以描繪一個！

完成!!

▶最後用黑色塗在底座邊緣即完成。

▲鬍子用中央政務院灰乾刷。因為有細節部分，建議用細筆刷過上色。

完成細節處顏色不同的塗裝共
30分鐘!!

▲最後是底座塗裝。石板和地面分別塗成不同的顏色，塗料乾了之後用亞格瑞克斯大地添加陰影色，為整個底座入墨線。

要領是用陰影漆和底漆一口氣畫出主色調。之後只要每天完成一個模型的細節塗裝，瞬間就可以完成整個軍團，請大家陸續擴張自己的英雄吧!!!

用罩染手法輕鬆塗裝！！
CITADEL COLOUR對比漆！

為了盡量輕鬆完成微縮模型塗裝……

目前GAMES WORKSHOP針對戰鎚世界遊戲，提供了兩個系列讓大家塗裝，一個是「備戰就緒」，可簡單用CITADEL COLOUR對比漆和乾刷漆完成超帥的微縮模型，一個是「校閱就緒」，用相同塗料完成精緻經典的微縮模型。

接下來，我們就來看看「CITADEL COLOUR對比漆」的使用方法。

何謂CITADEL COLOUR對比漆？

在白色或淺灰色等明亮底色表面，淡淡罩染上塗料。因為流動性佳，塗料會流動堆積至凹槽，而產生自然漸層。

NAVIGATOR
GAMES WORKSHOP／接續P.88，本篇也是請GAMES WORKSHOP的人員教授CITADEL COLOUR的塗裝方法，請他教我們如何使用對比漆和漂亮的乾刷漆。

◀▼ 這些是GAMES WORKSHOP人員以對比漆為主的墨體塗裝，並且用一般的CITADEL COLOUR塗料在細節上色。輕輕鬆鬆就呈現出如此自然的漸層色調！！

請將對比漆攪拌均勻！！

▲塗料會像這樣堆積在瓶底，要用力搖勻，或在手掌敲打，攪拌瓶中的塗料。

先將塗料移至調色盤

▲對比漆相當稀薄，流動性也很高。如果直接用畫筆沾取並塗在模型上，會一下子塗上過多的塗料，發生慘劇。

豪邁運筆，一筆大範圍罩染的樣子！

▲請不要用短促的筆觸，而是拉長運筆大範圍塗上對比漆。大面積地平均塗抹，才可以呈現這個塗料會自然產生漸層的特色。

直到乾燥都不要觸碰！

▲塗料會恰到好處地堆積在肩膀盔甲邊緣，形成較濃色調，而頂點因為塗料的流動而變得淡薄。透過像這樣對比漆的罩染，就可表現色調濃淡。

想讓塗料更加滑順！！

▲「對比漆稀釋劑」不是要調淡對比漆的色調，而是提升流動性，使塗料變得更滑順稀釋。希望大家一定要準備一瓶。

從瓶蓋中的蓋勺沾取稀釋劑

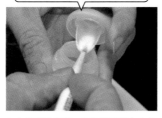

▲充分攪拌塗料，沾取瓶蓋蓋勺中的稀釋劑。

將稀釋劑和對比漆充分混勻

▲將稀釋劑混合在對比漆中，混合時，可以從指尖感受到塗料變滑順的感覺。

大面積和精細處都能順利上色！！

▲利用對比漆稀釋劑提升了塗料的流動性，所以連如此精細的地方都可以刷上塗料，上色非常滑順。

若出現龜裂，就塗上白色修改

▲對比漆堆積過的地方乾燥後，會產生極為明顯的龜裂痕跡。這時塗上用於底色的白色或淺灰色，於乾燥後再次用對比漆罩染。

試試在銀色底色塗上對比漆！

▲若試著在銀色底色的表面，塗上喜歡的對比漆色調，會透出底色，所以可以表現各種金屬色調，很適合用來點綴模型。

用這個保護對比漆！

▲因為對比漆是用罩染上色，塗層較薄，因此上色後請塗上這個暴風護盾。這款消光保護漆名稱的斳氣，很有CITADEL COLOUR的命名特色。

形成光澤或霧面塗層，完美保護！

▲這款好用的消光保護漆會在表面形成溫潤光澤保護塗層，修飾度佳又兼具保護強度。

● 用簡單步驟呈現最佳的備戰就緒塗裝！！

這裡將介紹極為推薦的塗裝方法，讓你在30分鐘內完成帥氣有型的微縮模型！！在P.90曾介紹過乾刷塗裝的進階版，是利用CITADEL COLOUR系統的超簡單塗法。絕對會讓人今天就想動手模仿看看！！！

從CITADEL COLOUR選擇綠色漸層色調

▲在CITADEL COLOUR APP中選擇戰鎚世界暗黑天使的盔甲色，就會顯示這3種顏色。我們就是利用這3種顏色塗裝！！

比乾刷畫法多保留一些塗料！

▲先使用卡利班綠，用畫筆沾取塗料後，在紙巾輕輕擦拭。畫筆比起乾刷時多保留一些塗料。

先用筆尖乾擦！！！

▲因為畫筆保留比乾刷多一點的塗料，只要輕輕刷過很顯色。要領在於用這個方法就不易產生厚塗。相反的就會留下乾擦般的筆觸。

暫時改用亮一階的綠色

▲接著改用魔石綠，不可以直接使用塗色。

和前一個色調混合！

▲雖然會塗上CITADEL COLOUR系統中顯示的色調，但是在改用下一個色調前，若混合前一個色調再塗上，就會產生更自然的漸層色調。

開始形成漸層色調！

▲利用乾刷的技巧乾刷和前一個色調混合的顏色，可看出零件稜線變得較為明亮。

> 在這個階段已經超帥！！

即使塗在黑色底色表面，依舊有很棒的顯色效果，這是CITADEL COLOUR的綠色才能呈現的塗裝表現。只使用2種顏色就已經完成這麼漂亮的漸層塗裝。

只用魔石綠乾刷

▲這次不混色，而使用單色。在紙巾將塗料擦拭乾淨。

針對零件的邊角和頂點塗色

▲用亮色調針對零件的頂點乾刷。

第2階段開始塗上謬特綠！！

▲最後使用的是亮綠色「謬特綠」。第1次上色時先和前一個色調混合後再乾刷，第2次上色時則用單色乾刷。

最後打亮時請將塗料擦乾淨！

▲最亮的打亮用色少量即可，因此要盡量擦去筆尖的塗料！

用明亮塗料一口氣刷出華麗色調！

▲像這樣明亮的色調，僅用少量就會有明顯的效果，注意不要乾刷過度！！

▼在如此短時間內就為微縮模型塗上漂亮的漸層色調的塗裝方法。重點只在於畫筆塗料的調節。請大家一定要用這個塗裝方法體驗CITADEL COLOUR塗裝的有趣之處。

顯示必用的顏色組合！！

▲只要事先安裝了CITADEL COLOUR APP，就可以依照CITADEL COLOUR系統塗裝，其中會有類似這次綠色的使用色和塗色的順序！！

漸層塗裝完成！！

這次塗裝步驟雖少，但卻能呈現如此帥氣的塗裝效果。至此大約花費20分鐘。

只在顯眼處用筆塗點綴

> 30分鐘完成！

▲最後收筆時，在眼睛和槍枝塗色即可！！！

有助水性塗料筆塗的好用小物

GAMES WORKSHOP篇

GAMES WORKSHOP自有商品涵蓋了所有筆塗用品！！

GAMES WORKSHOP以CITADEL品牌囊括了自家套件、塗料、畫筆等所有工具和用品。備齊GAMES WORKSHOP的商品當然也可以運用於其他廠商的水性塗料，只要有喜歡的商品，請不要猶豫立即購入！！

●銷售廠商／GAMES WORKSHOP●銷售中

戰鎚40,000塗色與工具套組
戰鎚席格瑪紀元塗色與工具套組 ●各6400日圓

若想試用CITADEL塗料，推薦大家這個套組！！

這個商品套組包括戰鎚2大作品的基本色（各套組有13色）、畫筆、斜口鉗、分模線刮刀和處理澆口痕的工具。我們非常推薦大家選購基本色，不要猶豫！！！

CITADEL洗筆桶 ●1430日圓

也可當作筆筒的洗筆筒，穩定性絕佳。

用於CITADEL COLOUR塗裝時裝入清水的桶子。可將畫筆橫放在邊緣的凹槽，塗裝作業中想暫時放下畫筆時就可擺放此處。相當堅固，買了一個就可以用很久。

STC畫筆 ●900日圓～

CITADEL白色系列畫筆，全新推出人工刷毛筆刷。

並非使用動物毛，而是以人造毛製造推出的全新畫筆。互鎖式的設計優異，只要清洗乾淨，就可常保畫筆的狀態。

CITADEL COLOUR塗色握把 ●1630日圓

讓塗裝作業變得更順利的握把。

想塗裝的微縮模型可順著底座固定在握把中央，還有一個可手持的握把，讓畫筆可以從各種角度切入，讓塗裝變得輕鬆容易。

CITADEL COLOUR
組裝立架
●3770日圓

方便固定和組裝細小零件。

立架的中央還可以安裝塗色握把，經常用於組裝零件時想緊密接合和固定細小零件等時刻。

CITADEL COLOUR
底漆
●2550日圓～

CITADEL COLOUR底漆真的超讚！！

這是為了讓CITADEL COLOUR塗料更加服貼的底漆噴漆。除了黑色和白色，還有藍色和紅色，依照塗色所需可以變換底色。由於是硝基漆類型的底漆，噴塗時要保持環境通風。

CITADEL COLOUR調色盤 ●1500日圓

使用CITADEL COLOUR塗料必備的調色盤。

每片的大小剛好，不會擠壓作業空間。紙調色盤最適合用於CITADEL COLOUR塗裝，請一定要使用看看。

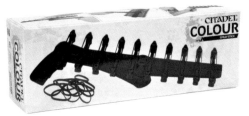

CITADEL COLOUR
噴漆桿
●3370日圓

可一口氣噴塗許多微縮模型！！！

利用支架和橡皮圈可以固定多個微縮模型。塗裝時可以將桿子轉成弓狀，讓噴漆變得輕鬆許多。

嘗試以CITADEL COLOUR系統為基礎，完成一個微縮模型塗裝！！

GAMES WORKSHOP塑膠套件
Lady Annika, The Thirsting Blade
製作與撰文／TENCHIYO

GAMES WORK SHOP plastic kit
Lady Annika, The Thirsting Blade
modeled&described by TENCHIYO

實際塗裝！！！ CITADEL COLOUR系統

CITADEL COLOUR系統設定的CITADEL COLOUR組合都很漂亮。不僅是顏色順序還是使用的塗料種類，其實都有其理論。本篇想依照CITADEL COLOUR系統的理論，再加上局部改造，嘗試以筆塗描繪出漂亮的塑膠模型！

這次的重點！！
● 因為有CITADEL COLOUR系統的塗裝支援，盡量依照這個系統，使用產品包裝上標示的顏色，試著完成近似官方作品範例外觀的塗裝！

NAVIGATOR
TENCHIYO／HOBBY SHOP
Arrows店長，從微縮模型或機械到美少女模型，可塗裝出各種類型的作品範例。

● 塗裝準備開始！！

先從塗裝準備開始。請備齊畫筆、塗料、水和盒底！！！

一定要確認
盒底說明！！

桌面整齊

▲雖然塗裝的是小小的微縮模型，但是在整齊的地方塗裝更能使作業順利。

▲戰鎚世界的套件盒底，有標記簡易的CITADEL COLOUR系統，應該使用哪一種塗料上色一目瞭然。

使用塗料前一定
要用力搖勻！

▲用力搖晃攪拌每一個CITADEL COLOUR塗料瓶。建議養成每次使用塗料時必做這個動作的習慣。

保濕調色盤方便好用！！

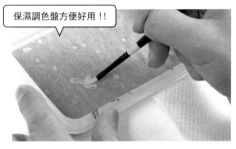

◀海綿富含水分，只要在上面鋪上一層烘培紙等會滲透的紙張，就成了保濕調色盤。因此可以延緩CITADEL COLOUR塗料乾燥，有利於長時間塗裝。

▶CITADEL COLOUR塗料稀釋和畫筆洗淨經常需要用到水。將水倒進穩定的容器，就不需要擔心傾倒。

請將水裝入穩定
的瓶罐！

● 筆塗的完整步驟

依照套件盒底的CITADEL COLOUR系統選擇顏色。依照「底漆」、「陰影漆」、「疊色漆」系統推薦的順序塗色，突顯立體感。部分為自行改造變化的地方，但是不會太偏離系統規則。

用「底漆」打底

用「陰影漆」添加陰影、加強立體感

用「底漆」保留陰影，營造層次（第1階段）

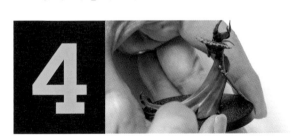

針對想呈現明亮的部分，用「疊色漆（暗色調）」營造層次（第2階段）

用「疊色漆（亮色調）」突顯頂點和稜線，營造層次（第3階段）

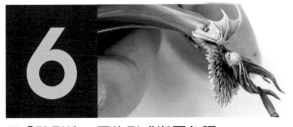

用「陰影漆」罩染形成漸層色調

●CITADEL COLOUR的第一步，塗底漆！！！

噴塗上打底的底漆後，就開始進入塗裝。CITADEL COLOUR系統最先塗的是「底漆」。

超愛底漆噴罐

何謂底漆？

遮蓋力佳，只要加一點點的水就有很好的延展性，重疊塗2次，幾乎就會呈現出塗料的色調。塗料在瓶內通常都呈分離狀態，因此使用時必須攪拌均勻。

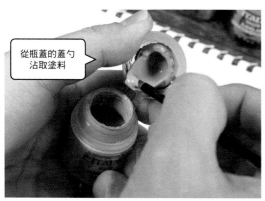

從瓶蓋的蓋勺沾取塗料

◀先塗「底漆」，這次雖然用於底色噴塗之後，但是即便未使用底漆噴塗也可以塗裝上色。

由內部開始塗！

▶臉部周圍似乎是最深的地方，所以從臉開始畫。即便畫超出邊界也沒關係，後續會再塗上不同顏色。

WOW！！突然發生失誤！！

這樣的失誤用底漆就可快速修正

第2次上色漸漸呈現漂亮的塗裝

▲一個不留神發生失誤，將綠色部分畫成紫色。

▲但是不用擔心，底色遮蓋力超強，在表面塗上綠色修改即可。

▲遮蓋力強的「底漆」不要一次上好顏色，塗至稍微透出底色即可。等完全乾燥之後，再塗第2次，就會更漂亮。

塗明亮色請更加小心！

若有畫出邊界的部分，只要補上顏色就可修飾。

◀各種顏色的底漆都塗好的樣子。接著進入「陰影漆」的步驟！！

▲有時明亮色彩塗了2次依舊有點透出底色，如果太勉強塗至顯色，反而會使塗料堆積在凹槽，這時不要著急，請塗第3次。

● 只要一塗上，氣氛瞬間提升，請大家善用陰影漆！！

陰影漆可以當成塑膠模型入墨線和呈現濾鏡效果的塗料。還可以修飾筆觸，是相當方便好用的塗料。

何謂陰影漆？

「陰影漆」的性質不同於「底漆」，是屬於濃度較稀的「半透明」塗料，也是這次這3種中最難操作的塗料。使用時為了讓畫筆吸附大量塗料，通常會直接從瓶中沾取，但是因為瓶身較高，所以容易翻倒，這是最需要注意的地方。倘若翻倒會相當麻煩。塗料相當稀薄，只會有一點點顯色，乾燥時會堆積在凹槽而形成陰影。CITADEL COLOUR塗裝的乾燥速度緩慢，若在完全乾燥前觸碰到，會形成色調不均或汙漬，所以請特別注意。雖然也可以用水稀釋後使用，但是不稀釋使用會比較好塗。

請用吸附性佳的畫筆塗裝

▲建議使用柔軟、塗料吸附性佳的畫筆，畫筆吸附塗料後，請先在調色盤或紙巾擦去多餘塗料後再上色。

不要害怕，請一次刷塗上色！

▲訣竅是用大的畫筆沾取大量的塗料，一口氣塗在想上色的位置。若觸碰到半乾之處，該處就會有汙漬，還請注意。

色調降低

▲零件整體塗上「陰影漆」，色調會稍微變暗，同時立體感提升。之後重疊塗色（塗疊色漆）時，就會很清楚要下筆的位置。

塗裝要領，在乾燥前延展塗料，或吸去多餘塗料！！

▲塗太多「陰影漆」，有些地方會堆積塗料，所以若發現塗太多時，在乾燥前用其他畫筆稍微吸收擦除。

陸續上色！

▲「陰影漆」乾燥較緩慢，所以如果零件沒有相接，就陸續塗上「陰影漆」，注意不要觸碰到尚未乾燥的地方。

瞬間變得更引人注目！！

◀整體塗上「陰影漆」的樣子。充滿立體感，即便只畫到這個階段就已經很漂亮。

再次刷上底漆，接著才塗疊色漆！！

依照CITADEL COLOUR系統的步驟，接下來要在突出部分塗上「疊色漆」加強立體感，但是衣服等柔軟的材質突然用「疊色漆」加強，會有明顯的明度差異，難以呈現理想色調，所以使用塗「陰影漆」之前的「底漆」，完成第一次的疊色。

要領為稀釋薄塗底漆	底漆塗好後，開始塗上疊色漆。	針對特定位置塗色！！

▲依靠「陰影漆」產生的陰影或作品範例的照片，在想呈現明亮的部分重疊塗上陰影漆之前的底漆顏色。這時底漆要用比打底時多一點的水分稀釋。

▲這次「疊色漆」上色的範圍比剛才用「底漆」疊色的部分要窄一些，而且更接近頂點。CITADEL COLOUR系統中，大多將「疊色漆」分成明暗2個階段。這時先塗較暗的色調。

▲第2次亮色調的「疊色漆」塗在相當窄的部分、真的明亮的位置或如描繪邊角般的線條。邊角用筆腹描繪較方便塗色。

用疊色漆乾刷！！	平面也適合運用乾刷技法

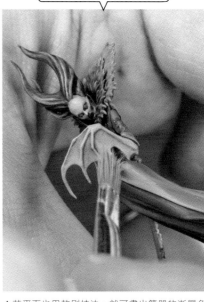

▲「疊色漆」可以用於一般塗色，但也可以用於乾刷技法。絨毛等凹凸紋路又細又深，所以決定用乾刷技法。往凹槽交錯方向劃過揮動畫筆，就可以輕鬆在凸出部分上色。

▲若平面也用乾刷技法，就可畫出簡單的漸層色調！

●想提升效果，一起學習「追加陰影漆」！！！

CITADEL COLOUR系統大多將「疊色漆」設定在最後的步驟，但這次為了近似包裝盒上的作品範例，再次使用了「陰影漆」塗出漸層效果。追加陰影是一種很好用的技巧，可以降低漸層的對比變化，呈現出更有深度的漸層塗裝。

請將陰影漆攪拌均勻

▲充分攪拌後，塗裝準備即完成。追加陰影漆時，將陰影漆移至調色盤，用水稍微稀釋後再使用。若塗料太濃，就會一下子讓顏色過於飽滿。

不要塗在整個模型

▲用水稀釋後的「陰影漆」，只用畫筆少量沾取，以薄染的方式上色即可。塗在想強調陰影處的地方。乾燥後再次上色的範圍小於第1次，就可以呈現出漸層效果。

再追加上陰影色
卡羅堡深紅

▲裙子的部分是這個微縮模型最美的造型亮點。請試著表現出紫色布料漂亮的垂墜感。

要領為一點一滴慢慢上色，
而不要一次塗上。

▲皺褶部分要慢慢追加陰影漆。乾燥後，縮小範圍重疊上色。只要遵守這一點，大家都可以描繪出漂亮的漸層！！

金屬零件是追加
陰影漆的絕佳位置！！

▲劍塗上亞格瑞克斯大地，就會呈現歷經歲月又森然可怕的劍，相當符合微縮模型的角色個性。

金飾上也追加陰影漆

▲金色建議塗上熾天使棕，會形成很自然的陰影。

也可以使用兩種以上的陰影漆！！

▲絨毛的部分，由亮茶色系塗到暗黑色，依序塗上「陰影漆」的「熾天使棕」、「亞格瑞克斯大地」、「努恩油黑」，邊塗邊縮窄範圍，使用3種顏色畫出漸層。

確認是否有畫出邊界的
地方並且修飾！

▲陰影漆乾燥後，確認是否有塗出邊界的地方。若有超出邊界的地方請修飾。

深處部位尤其要特別注意！

▲如照片所示，請仔細確認衣領等深處部位。

Finished
Lady Annika, The Thirsting Blade

▼這次還為底座裝飾。CITADEL COLOUR也有底板專用塗料，只要一塗上，就呈現底板質感。植物也是出自於CITADEL，還附有膠帶，貼上即可。

▲美麗的疊色更襯托出陰影，這個效果完全展現在披風上。

CITADEL COLOUR系統輕鬆完成帥氣的塑膠模型塗裝！

這次的塗裝步驟以GAMES WORKSHOP提倡的CITADEL COLOUR系統為基礎，請大家參考嘗試看看。透過這一次的經驗就可以獲得漸層塗裝、陰影漆罩染和乾刷顯色等豐富的經驗值。GAMES WORKSHOP經年累月研究出的方法論，的確有助於塗裝，而且我認為只要成功體驗過，就可以讓人的筆塗越發進步！！

▲由乾刷和陰影攜手完成的絨毛塗裝，立體得令人驚艷。

● 使用顏色（CITADEL COLOUR）

（紫色）
・（底漆）魅魔膚
・（陰影漆）杜魯齊紫
・（陰影漆）卡羅堡深紅
・（疊色漆）沙歷士灰

（綠色）
・（底漆）死亡世界森林綠
・（陰影漆）柯力亞綠
・（疊色漆）史崔坎綠
・（疊色漆）克里格卡其色

（肌膚）
・（底漆）拉卡夫膚
・（陰影漆）卡羅堡深紅

（絨毛）
・（底漆）桑德利沙塵黃
・（陰影漆）熾天使棕
・（陰影漆）亞格瑞克斯大地
・（陰影漆）努恩油黑
・（疊色漆）尖嘯頭顱白
・（疊色漆）聖痕白

（金色：衣服裝飾、劍柄）
・（底漆）蠍黃銅
・（陰影漆）熾天使棕

（銀色：劍）
・（底漆）鋼鐵之手淺銀色
・（陰影漆）亞格瑞克斯大地

（黑色：靴子等）
・（底漆）魔鴉黑色
・（底漆）機械神教標準灰

如此迷你的微縮模型也不用擔心！！若有CITADEL COLOUR就可完成塗裝！！

還可輕鬆地
用水性塗料筆塗
為美少女模型改色！！

從衣服改色到簡單的肌膚妝容，用筆塗將手邊的美少女塑膠模型變得更可愛！

這是現在角色人物模型中超受歡迎的「美少女塑膠模型」。各大廠商都有銷售非常漂亮的塑膠模型。請試試用水性塗料筆塗完成可愛美少女塑膠模型的塗裝。運用技巧有成型色修飾、亮色筆塗、利用遮蓋膠帶區分塗色，集結了前面篇章介紹過的所有技巧！請大家一定要參考內容，挑戰水性塗料筆塗！！

使用套件為MAX FACTORY的塑膠模型PLAMAX！！
罪姬女僕機器人・喵

NAVIGATOR
FURITSUKU／在本書教導VOLKS FIORE肌膚塗裝的人也是這位仁兄。這次請他以罪姬女僕機器人・喵為範例公開筆塗技巧。筆塗能力超強，可以漂亮畫出各種類型的模型筆塗。點綴小物的底座和小插圖畫作品味絕佳。這次並沒有運用特殊塗法，所以請大家一定要多多參考。

將喵改成愛麗絲的顏色！

這次的重點!!
● 運用成型色完成肌膚塗裝。
● 臉部妝容。
● 髮色變更。
● 金色塗裝。
● 服裝改色。
● 褲襪塗裝。

MAXFACTORY PLAMAX
GP-01 Guilty Princess Maidroid Miao
modeled&described by FURITSUKU

MAX FACTORY PLAMAX
GP-01罪姬
女僕機器人‧喵
製作與撰文／FURITSUKU

● 運用成型色就可描繪出漂亮的膚色！

近年美少女塑膠模型的肌膚成型色的質量都很高，不好好利用就太可惜了！即便是不擅長肌膚塗裝的人，只要模仿這個塗裝方法，我想一定可以表現出可愛的膚色！！

第一步為關鍵！
噴塗上消光漆。

▲修飾消除肌膚零件的接合線後，噴上消光漆。如此一來成型色不但顯得更溫潤，也方便之後的塗裝。

運用肌膚成型色時必備的
田宮舊化專用粉彩盒G套組！

▲塗料「田宮舊化專用粉彩盒」宛如半濕型眼影，當中還有專門用於模型的肌膚塗料。其中的G套組「栗色」相當好用。

用舊的畫筆乾擦上色

▲這個栗色最適合當陰影色。只要在塑膠模型的成型色加上陰影色，就可輕易表現出漸層色調。將塗料擦拭在臀部的凹槽。

加強臀線！

▲只不過塗上栗色，就呈現如此豐富的層次變化，非常優異。

稍微顯露的肌膚也要上色

▲胸下隱約顯現的零件。因為是剛好位於胸部下方的零件，建議這裡也要添加陰影色。

零件邊角乾擦上栗色！

▲上緣和下緣都請擦塗上栗色。這樣就可以襯托中央的明亮膚色，呈現立體感。

手部零件？

▲有比田宮舊化專用粉彩盒更適合手部零件的塗料，這裡我們就使用其他塗料。

就用CITADEL COLOUR的陰影漆！

▲這裡我們使用CITADEL COLOUR專用於膚色的陰影漆「瑞克蘭膚」，塗在細節處。

肌膚陰影色完成！！！

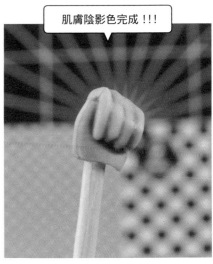

▲手腕塗裝完成，這樣肌膚的陰影色即完成。最後再用消光漆噴塗保護表面。

● 挑戰臉部妝容 !!! 只要使用一種顏色 !!!!

美少女塑膠模型的關鍵就是「臉」。喵的臉有很漂亮的眼睛轉寫印刷,所以只要臉部妝容漂亮,就會是一張可愛的臉。現在美少女塑膠模型大多都有眼睛的轉寫印刷,所以只要學會這個方法,也可以為其他套件畫出可愛的臉。這次用最簡單的作法,「只塗一種陰影色」。

臉也先噴上消光漆

▲第一步和剛才的肌膚塗色一樣,先噴上消光漆。之後再使用田宮舊化專用粉彩盒G套組的栗色,就會很容易服貼上色。

使用栗色,先塗出下巴線條!

▲從耳朵下方到下巴線條塗上栗色,表現陰影。

鼻子和臉頰之間為上色重點

▲鼻子和臉頰之間有稍微凹陷之處。這裡請塗上淡淡的栗色。

強調出臉頰線條

▲這裡只要用栗色塗上淡淡的陰影,就可以強調臉頰的漸層色調。

針對上眼皮塗色

▲從上眼皮的眉間部分塗上陰影。

呈現明顯對比色調 !!!

▲妝容漸漸完成,變得超可愛。田宮舊化專用粉彩的好處就在於之後還可以簡單修正。

修飾各處妝容

▲只要用棉花棒擦去塗太多栗色的部分即可!一邊擦拭量染周圍,一邊調整即可,也可以將棉花棒稍微沾水完全擦去。

再次用畫筆乾擦

▲再次修飾方才擦塗的部分,慢慢塗至自己理想中的妝容!!

修飾好整體妝容後,噴上消光漆!

▲用棉花棒做最後調整後,噴上消光漆鍍膜即完成。

● 衣服的金色和頭髮的塗裝

肩膀的荷葉邊、裙子的白色都維持成型色，噴塗上消光漆。袖口設定為金色，這裡是點綴之處，所以請小心塗裝。另外，髮色也從黑色改為栗色。

袖口的點綴！

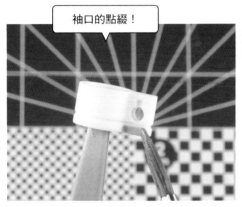

◀這裡塗上CITADEL COLOUR的復仇者盔甲金。因為維持成型色的白色，畫超出邊界的地方要用牙籤剔除。

瞬間提升精緻度！！

▶只在袖口添加金色，一下子就變得漂亮許多。這是喵塗裝的重點，希望大家都模仿看看。

畫出明亮髮色，噴上白色補土！！

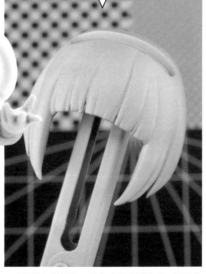

▲改變髮色的塗裝。想塗成明亮髮色時，可以使用「白色補土」。建議使用GSI Creos白色水性補土。

使用CITADEL COLOUR的短角獸人膚！

▲CITADEL COLOUR的短角獸人膚和栗色頭髮很相襯，因為是疊色漆，所以會透出底色。第1次筆塗至透出底色白色即可。

完全乾燥後第2次上色

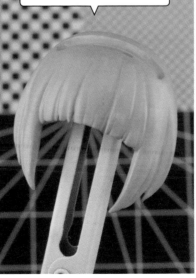

▲第1次塗裝完全乾燥後，再次塗色就會出現明顯的栗色頭髮。

第3次上色後即完成！

▲疊色漆遮蓋力雖然較弱，但是分多次薄塗就會出現很漂亮的塗層表面，這是塗3次的樣子。筆塗呈現出意想不到的平滑感。

● 為喵添彩的金色零件塗裝

裙子和武器都想塗成漂亮的金色。這裡將介紹金色筆塗的重點！

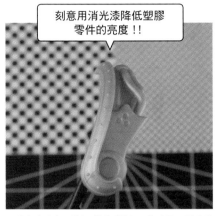

刻意用消光漆降低塑膠零件的亮度！！

▲消光噴漆也可擔任「透明補土」的功用。形成消光表面後可以讓塗料變得更服貼。

先塗上稀薄的塗料！

▲喵裙子上的金色零件有很多細節。因此先將CITADEL COLOUR的復仇者盔甲金稀釋，讓塗料刷塗在整個零件。

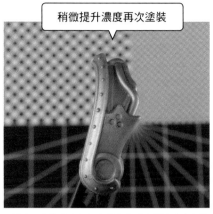

稍微提升濃度再次塗裝

▲塗上一層復仇者盔甲金就會呈現很漂亮的金色塗裝，但是很容易塗太厚。第2次上色的濃度只比第1次稍微濃一點，大範圍塗在整個零件。

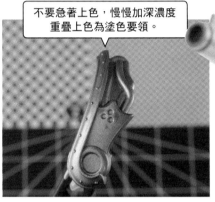

不要急著上色，慢慢加深濃度重疊上色為塗色要領。

▲第3次也尚未完全染色，盡量不要急，這樣才能呈現最漂亮的金色塗裝。

完成！！完成光滑的金色塗裝而且不厚重！

▲一開始塗料稀釋如水，之後隨著重疊塗色，一次次一點點提升濃度，分數次上色避免塗料堆積，終於呈現漂亮的塗裝。

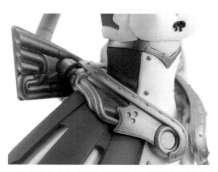

▲這樣放大特寫觀看依舊很漂亮，筆塗也可以完成這樣的塗裝效果。

● 衣服改色和修飾的重點

因為想塗成愛麗絲的服裝顏色，所以將衣服改成藍色。但是喵的服裝是黑色。必須將最強烈的顏色改成鮮豔的藍色。若是用如今的水性塗料絕對沒有問題！！

將黑色成型色改色！

▲喵的零件相當漆黑。要將其分別塗成藍色和白色。

這時就要使用補土噴罐！

▲成型色的顏色強烈時，不要猶豫請噴塗補土。使用GSI Creos白色水性補土，改塗成白色零件。這樣就可以完全呈現出藍色和白色。

用稀釋的塗料分數次上色

▲CITADEL COLOUR的凱勒多天空藍和愛麗絲的藍色極為相似。上色時不要一次塗上濃濃的塗料，而是稍微稀釋漸漸從白色染成藍色。

畫超出界也不用擔心

▲將藍色畫到白色部分也沒關係，等完全乾燥後再次塗色即可。但是有時用白色修改會因為超出的程度而有點費勁，所以在用白色修飾前，先用壓克力溶劑盡量擦除超出的顏色，修飾時會更輕鬆。

修飾時，調整畫筆的塗料用量。

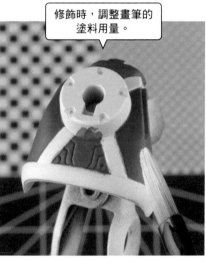

▲修飾是將顏色超出的細微部分重新塗色的作業。若畫筆如照片般吸附大量塗料，一下子溢出塗料，就會產生二次傷害。

只用筆尖沾取塗料即可

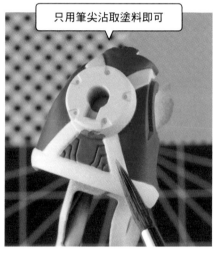

▲像這樣只在筆尖沾取顏料，就很容易對準目標修改上色。

最後塗上金屬色！

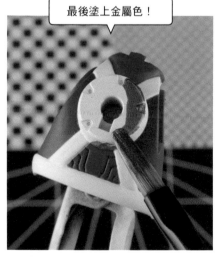

▲最後塗上另一個顏色金色。這裡沒有太多細節，就用一般的濃度順著形狀上色即可。

用平筆上色至這個程度即可……

▲用平筆平滑上色。平筆不容易畫好零件的邊緣，所以塗至這個程度後就換另一種畫筆。

邊緣改用較細的面相筆上色

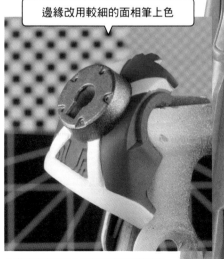

▲剩餘的邊緣部分用較細的面相筆塗色，塗裝即完成。呈現出顏色分明的塗裝！！！

● 大面積塗裝

這裡將解說在為衣服大面積改色塗裝時的重點。

> 請不要一下子塗上濃稠的塗料！

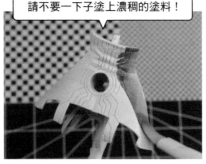

▲先整體大範圍塗色，塗至透出底色白色即可。如果用濃稠塗料直接上色，會產生凹凸表面。

> 塗至這個程度後完全乾燥！

▲一開始大家可能會很不安，但是這樣是正常的！！！在底色白色隱約透出的狀態下，等塗料完全乾燥。

> 第2次上色也要薄塗！！

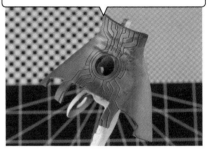

▲會不自覺想要在第2次塗至完全顯色，但是在如此大面積塗鮮豔色彩時，絕對不要著急。

> 作品範例經過4次上色呈現的顯色度

▲幾乎沒有色調不均的情形，呈現超漂亮的色調！！！塗到這個程度後，就可以用消光漆噴塗作最後修飾。

● 遮蓋膠帶增加了筆塗的多變性

遮蓋後區分塗色，就可以畫出比徒手描繪還要筆直俐落的線條。用這個技法可以設計出條紋褲襪！

> 為了呈現等寬的遮蓋寬度，
> 先將整隻腳貼滿遮蓋膠帶。

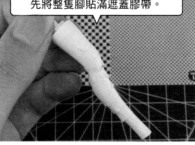

▲為了呈現等寬條紋，用田宮曲線專用的5mm遮蓋膠帶，捲覆貼滿整隻腳，捲覆時每條膠帶之間都不要留有縫隙。

> 撕開只塗上黑色的
> 遮蓋區塊！

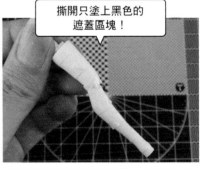

▲這樣只要將想塗黑的膠帶撕除，就會產生幾乎5mm等寬的條紋。

> 開始塗黑～

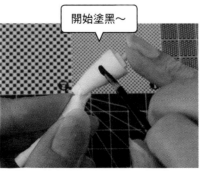

▲確認遮蓋膠帶是否有緊密黏貼後，就可以塗上黑線。

> 完成色調分明的塗色效果！

▲漂亮的條紋塗裝完成！遮蓋膠帶看似麻煩，但是只要花一點點時間就可以描繪出顏色分明的樣子，請大家一定要多加利用。

◀掃帚型武器掃帚散彈槍的
金色也很漂亮,塗法和裙子
的金色零件相同。

▼尾巴的顏色也配合
整體色調改色。

MAXFACTORY PLAMAX
GP-01 Guilty Princess Maidroid Miao
modeled&described by FURITSUKU

MAX FACTORY PLAMAX
GP-01罪姬
女僕機器人・喵
製作與撰文/FURITSUKU

改色結束,
完成自己專屬
的模型。

　經過肌膚陰影塗裝,髮色和衣服的
改色,完成整個外表都截然一變的
喵。如此改色的模型,世界僅此一
件。我想完成的喜悅會成為大家塗裝
的最佳體驗。即便水性塗料都可以完
成如此精緻的塗裝。如今連水性補土
的商品都有販售,要改成明亮色調並
不困難。請大家一定要參考這次的做
法,試著完成屬於你個人的美少女塑
膠模型!

Guilty Princess Maidroid Miao!!

Finished

女僕機器人・喵的塗裝完成!!

▲ 可愛齊瀏海的喵很適合栗色頭髮，超級可愛。

▲ 胸前的陰影色也是塗田宮舊化專用粉彩盒的栗色。

▲ 裙子的白色為成型色。黑色部分也是塗上白色補土後，再筆塗成藍色，完成漂亮的塗裝。

▲ 成型色的金色也很漂亮，作品範例經過塗裝，讓金色更漂亮，莫名有種蒸氣龐克的氛圍。

動手塗裝才了解筆塗的樂趣

曾幾何時我們都像小孩一樣，開心地在畫紙塗滿水彩顏料，或看著畫筆塗出的顏色，眼睛就閃閃發光。然而不知何時開始，在為塑膠模型筆塗時總聽到有人說「不可以這樣塗！」、「筆觸不均會顯髒!!」，漸漸地筆塗讓人望之卻步，有種不能隨意上色的印象。

但是大家何不嘗試一次，將眼前的模型塗上自己喜歡的顏色。當顏色脫離畫筆塗在塑膠模型的瞬間，我想將喚醒大家兒時恣意塗色的自己。

著色是一件開心的事，尤其筆塗，是種直接從指尖和眼睛接收到刺激的遊戲。顏料廠商為了讓我們在生活空間就能盡情埋首於色彩的遊戲，銷售了許多性能極佳的水性塗料。大家只要有畫筆、調色盤、水就可以為你的模型塗上你希望的色彩。塗色不均也沒關係，超過邊界也不須在意。本書刊登許多技巧，讓你即便出現前述的狀況，依舊能沉浸於筆塗的趣味。從今天起就來體驗水性塗料筆塗的樂趣吧！

MODEL WORKS
KINOSUKE
島津英生（VOLKS）
清水圭
TENCHIYO
Pla_Shiba
FURITSUKU
武藏
mutcho

EDITOR
丹文聰（BunSou production）
今井貴大
望月隆一

SPECIAL THANKS
GAMES WORKSHOP
GSI Creos
田宮
VOLKS

DESIGN
小林步

PHOTOGRAPHER
岡本學（STUDIO R）
河橋將貴（STUDIO R）
關崎裕介（STUDIO R）
葛貴紀（井上寫真STUDIO）

CO-EDIT
橫島正力
長尾成兼

水性塗料筆塗教科書

作　　者	HOBBY JAPAN
翻　　譯	黃姿頤
發　　行	陳偉祥
出　　版	北星圖書事業股份有限公司
地　　址	234新北市永和區中正路462號B1
電　　話	886-2-29229000
傳　　真	886-2-29229041
網　　址	www.nsbooks.com.tw
E - MAIL	nsbook@nsbooks.com.tw
劃撥帳戶	北星文化事業有限公司
劃撥帳號	50042987
製版印刷	皇甫彩藝印刷股份有限公司
出 版 日	2023年04月
I S B N	978-626-7062-44-9
定　　價	450元

如有缺頁或裝訂錯誤，請寄回更換。

水性塗料筆塗りの教科書
© HOBBY JAPAN

國家圖書館出版品預行編目(CIP)資料

水性塗料筆塗教科書／HOBBY JAPAN作；
黃姿頤翻譯. -- 新北市：北星圖書事業股份
有限公司，2023.04
112面；21.0×29.7公分
ISBN 978-626-7062-44-9（平裝）

1. CST：模型　2. CST：塗料

465.6　　　　　　　　　　　　111017602

官方網站　　臉書粉絲專頁　　LINE官方帳號

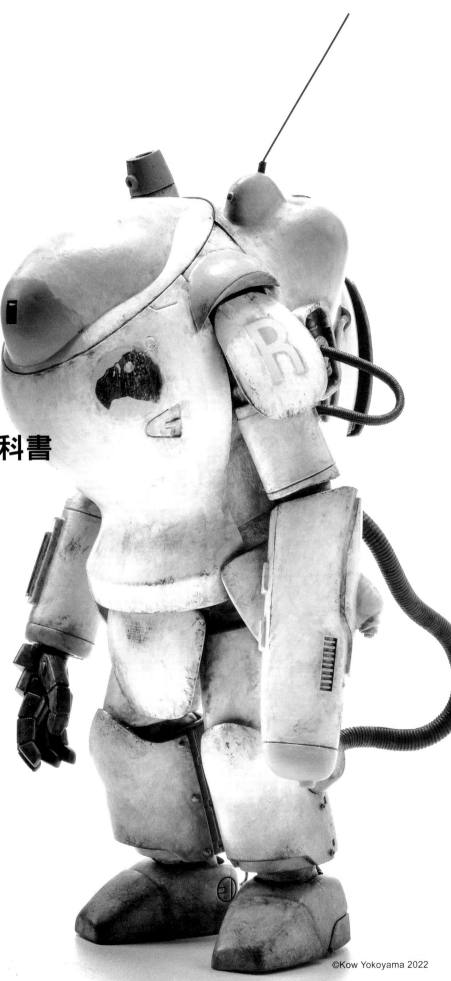